普通高等教育工程类专业教材

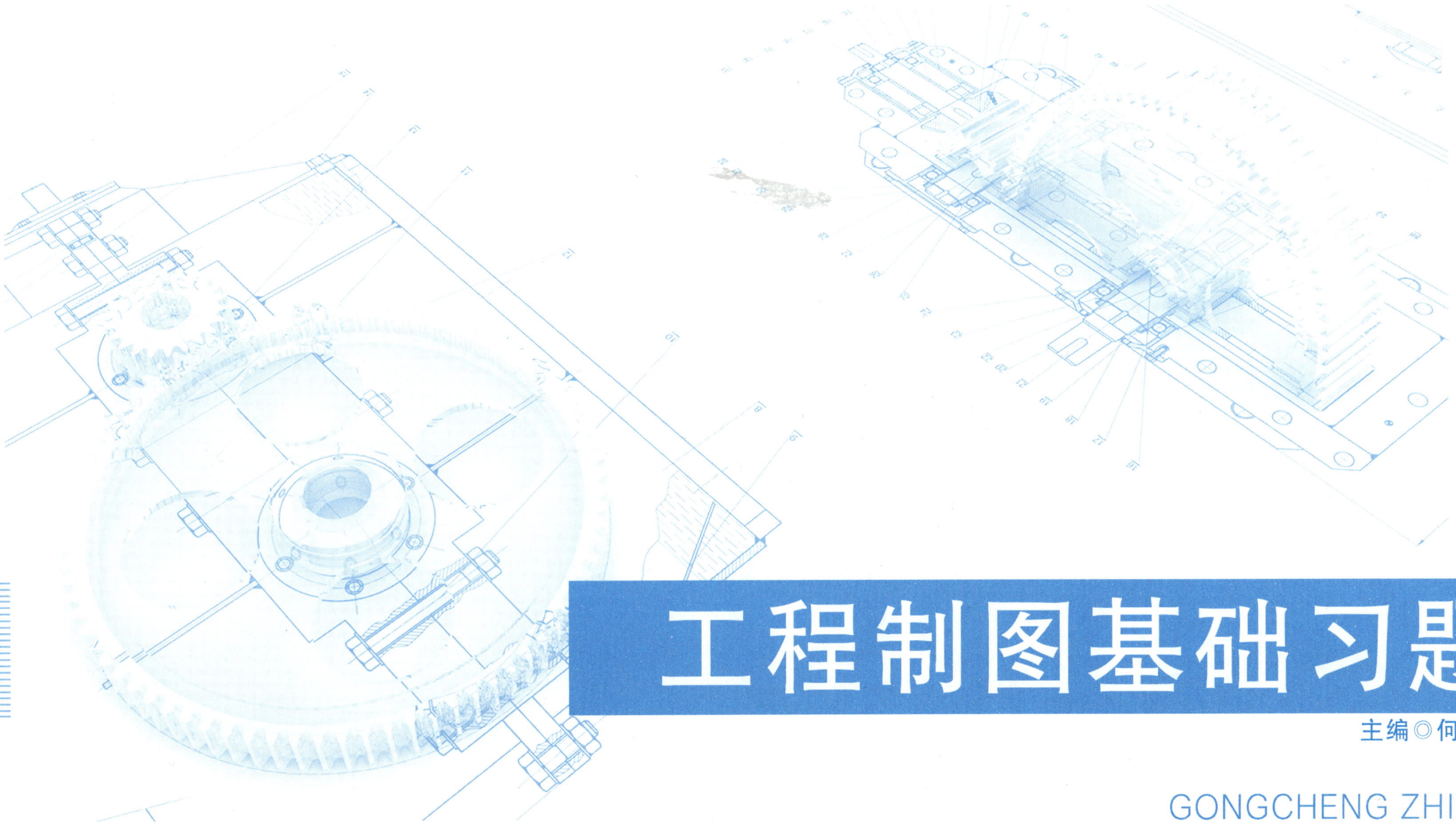

工程制图基础习题集

主编◎何培斌　李奇敏

GONGCHENG ZHITU JICHU
XITIJI

重庆大学出版社

内容提要

本习题集与何培斌、李奇敏主编的《工程制图基础》教材配套使用，其内容编排与主教材基本一致。本套教材是普通高等教育工程类专业教材，主要内容包括制图基本知识和基本技能，投影概念及投影法，点、直线、平面的投影，辅助正投影，平面体及其投影，规则曲线，曲面及曲面立体，轴测图，组合体及其投影，图样画法，计算机辅助三维造型设计及制图等练习。各章习题由浅入深，难度逐渐递增，以方便教师根据不同要求灵活选用。

本习题集可作为高等院校机械类、土建类、非机类、近机类各专业“工程制图”“工程图学”“机械制图”“建筑制图”等相关制图课程的配套习题集使用。

图书在版编目(CIP)数据

工程制图基础习题集 / 何培斌, 李奇敏主编. -- 重庆 : 重庆大学出版社, 2021.8(2025.1 重印)
普通高等教育工程类专业教材
ISBN 978-7-5689-2935-6

Ⅰ. ①工… Ⅱ. ①何… ②李… Ⅲ. ①工程制图—高等学校—习题集 Ⅳ. ①TB23-44

中国版本图书馆 CIP 数据核字(2021)第 165108 号

普通高等教育工程类专业教材
工程制图基础习题集
何培斌 李奇敏 主 编
责任编辑:王 婷 版式设计:王 婷
责任校对:关德强 责任印制:赵 晟
*
重庆大学出版社出版发行
出版人:陈晓阳
社址:重庆市沙坪坝区大学城西路 21 号
邮编:401331
电话:(023) 88617190 88617185(中小学)
传真:(023) 88617186 88617166
网址:http://www.cqup.com.cn
邮箱:fxk@cqup.com.cn (营销中心)
全国新华书店经销
重庆升光电力印务有限公司印刷
*
开本:787mm×1092mm 1/8 印张:15 字数:141 千
2021 年 8 月第 1 版 2025 年 1 月第 3 次印刷
ISBN 978-7-5689-2935-6 定价:39.00 元

目　录

一、填空题：

1. 长仿宋体字宽约为字高的________，字高系列为______________________________ mm。

2. 写长仿宋体字时，一般遵循的原则是______________________________。

3. 若粗线宽度为 b，则中粗线宽度为________，细线宽度为________；粗线宽度 b 应按图形大小和复杂程度在________ mm 之间选择。

4. 单点长画线中，线段长________ mm，点长________ mm，线段与点的间隔为________ mm。

5. 虚线与虚线、单点画线与单点画线相交时，应使它们在________处相交。

6. 比较大小：1 : 2 ________ 1 : 4。

7. A0 幅面尺寸为 841 mm×1189 mm，A1 幅面尺寸为________________________，A2 幅面尺寸为________________________，A3 幅面尺寸为________________________。

8. 尺寸标注包括________、________、________、________四要素。

9. 尺寸数字的方向：在水平尺寸线中，应标注在尺寸线的________边，头朝向________方；在竖直尺寸线中，应标注在尺寸线的________边，头朝向________方。

10. 尺寸标注一般应布置在图样轮廓线的________边，与图线、文字及符号等不得________。

11. 尺寸标注排列时，小尺寸应离轮廓线较________，大尺寸应离轮廓线较________。

12. 标注尺寸时，平行排列的尺寸线的间距宜为________ mm，并保持一致。

13. 尺寸起止符号，一般用斜短线绘制，其倾斜方向应与尺寸界线成顺时针________角，长度宜为________ mm。

14. 尺寸数字高度一般为________ mm。

15. 标注角度尺寸数字时，应按________方向书写。

16. 半径、直径、角度与弧长的尺寸起止符号，宜用________表示。

17. 标注直径尺寸数字时，其前面应标注符号________；标注半径尺寸数字时，其前面应标注符号________。

18. 图样轮廓线外的尺寸线，距图样最外轮廓线之间的距离，不宜小于________ mm。

19. 对称线的线型为________线，宽度为________。

20. 手工绘图大的步骤分为______________、______________、______________、______________。

21. 铅笔的铅芯软、硬分别用字母________和________表示。

22. 加深图线时，其顺序一般为________、________；直线加深时，一般先画________方向，后画________方向；当有直线又有曲线时，通常应先画________线，再画________线。

二、选择题：

1. 虚线的线段长为(　　)mm。

A. 2 ~ 5　　B. 3 ~ 6　　C. 4 ~ 7

2. 尺寸标注中，起止符号用(　　)表示。

A. 细实线　　B. 中粗实线　　C. 粗实线

3. 比较两个比例的大小时，以(　　)为依据。

A. 前面一个数的大小　　B. 后面一个数的大小　　C. 它们比值的大小

4. 折断线的线宽为(　　)。

A. 细线　　B. 中粗线　　C. 粗线

第 1 章　制图基本知识和基本技能	专业　　级　　班	姓名		学号		审核		成绩	

《基本训练》作业指示

一、目的：

1. 熟悉绘图工具和仪器的正确使用方法。
2. 掌握各种线型的正确画法、粗细对比，以及图线交接的正确画法。
3. 初步了解尺寸标注的方法。

二、要求：

1. 用 A2 图幅抄绘所给图样。
2. 图标采用本习题集推荐的作业图标。
3. 绘图比例：线型用 1∶1，房屋立面图用 1∶20。
4. 房屋立面图要求标注房屋外部尺寸并注写图名和比例。

三、作图步骤：

用 H 或 2H 铅笔画底稿线。底稿线应采用轻、细、淡的细实线，使绘图者能看清即可。

1. 绘图幅、图框、图标的底稿线。
2. 布图：确定各图形的位置，如参考布图一所示。
3. 从上到下、从左到右逐一绘制各图底稿线。
4. 检查无误后，再按图中线型要求加深图线。
   用 2B 铅笔画粗线，用 B 铅笔画中粗线，用 HB 铅笔画细线。顺序是先水平线后垂直线，再倾斜线。
5. 画尺寸线、尺寸界线、尺寸起止符号并书写尺寸数字。
6. 加深图框及图标。
7. 书写图中汉字并填写图标。

四、线宽要求：

1. 水平线条组线宽从上往下每 3 条线依次为粗、中、细一组，最后 4 条为中、细、细、细。
2. 竖直线条组线宽从左向右每 3 条线依次为粗、中、细一组，最后 2 条为细。
3. 45°斜向线条组线宽从对称线往两边每 3 条线为一组，依次为 3 粗、3 中、3 细、3 粗、3 细、3 中、3 细。
4. 房屋立面图线宽要求：
   地坪线：加粗线（1.5b）压下加重。
   外包络线：粗线压外加重。
   檐口板、斜脊、平脊、窗台、勒脚：中粗线（压中加重粗）。
   其余细线（压中加重）。

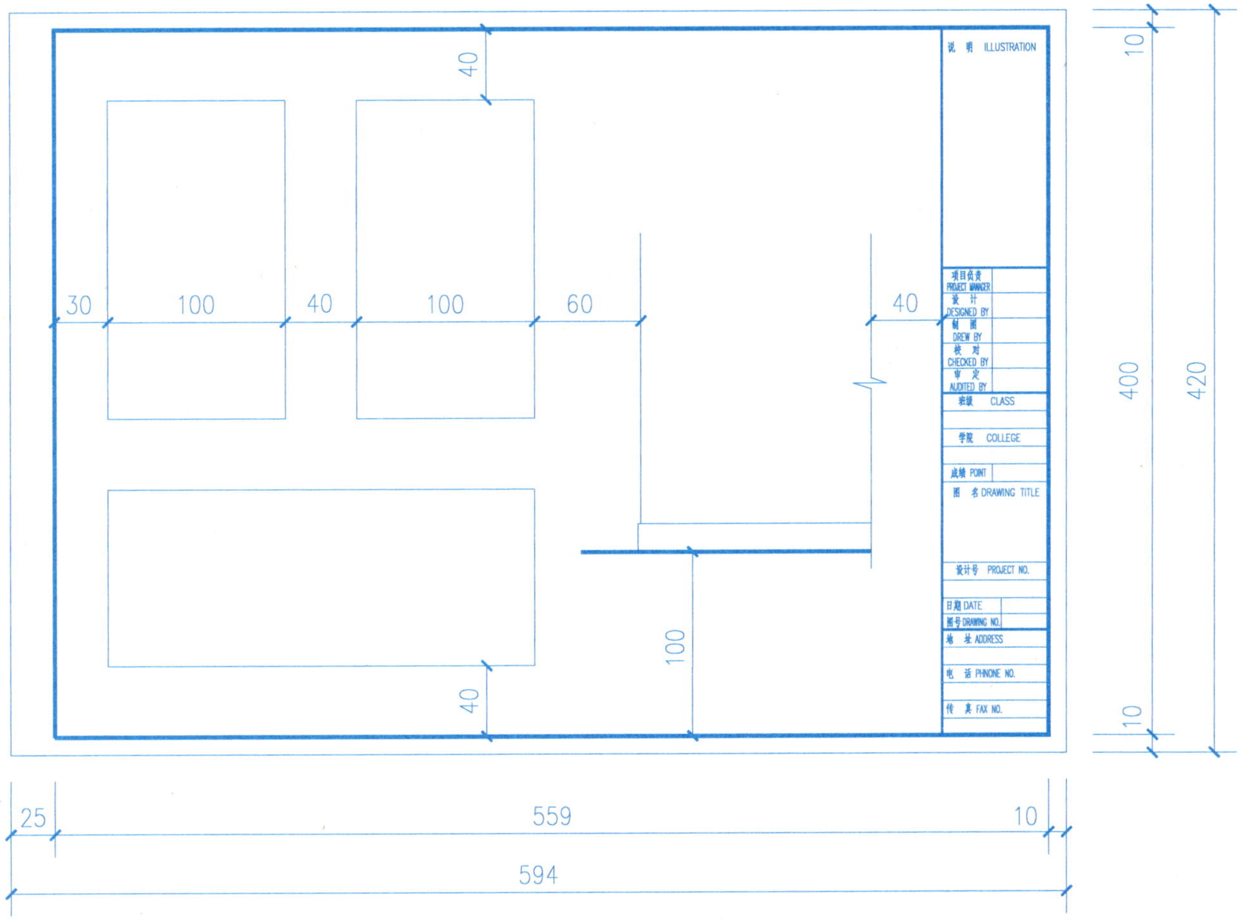

参考布图一

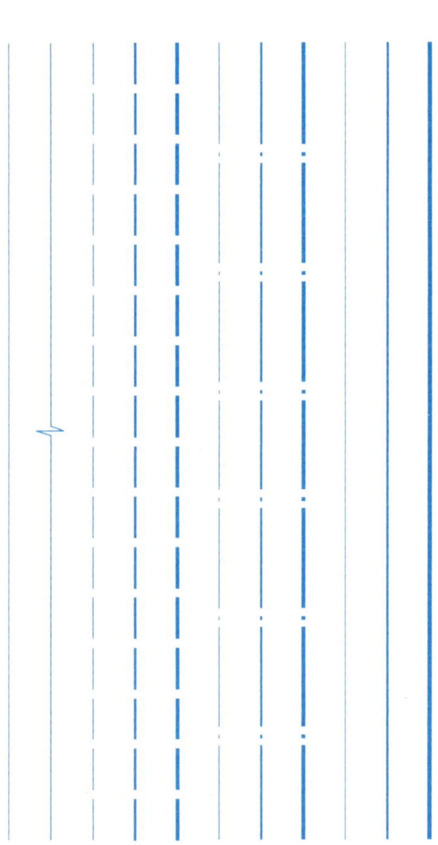

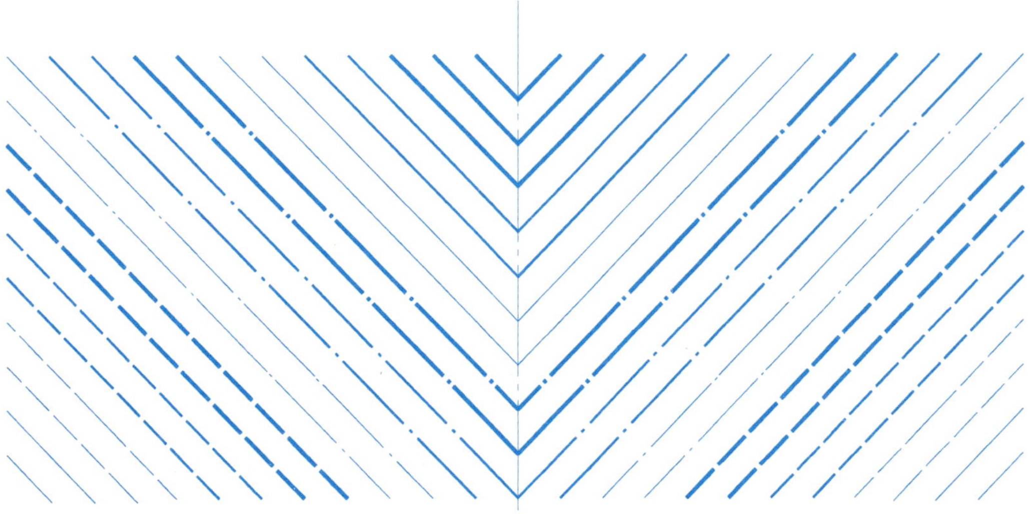

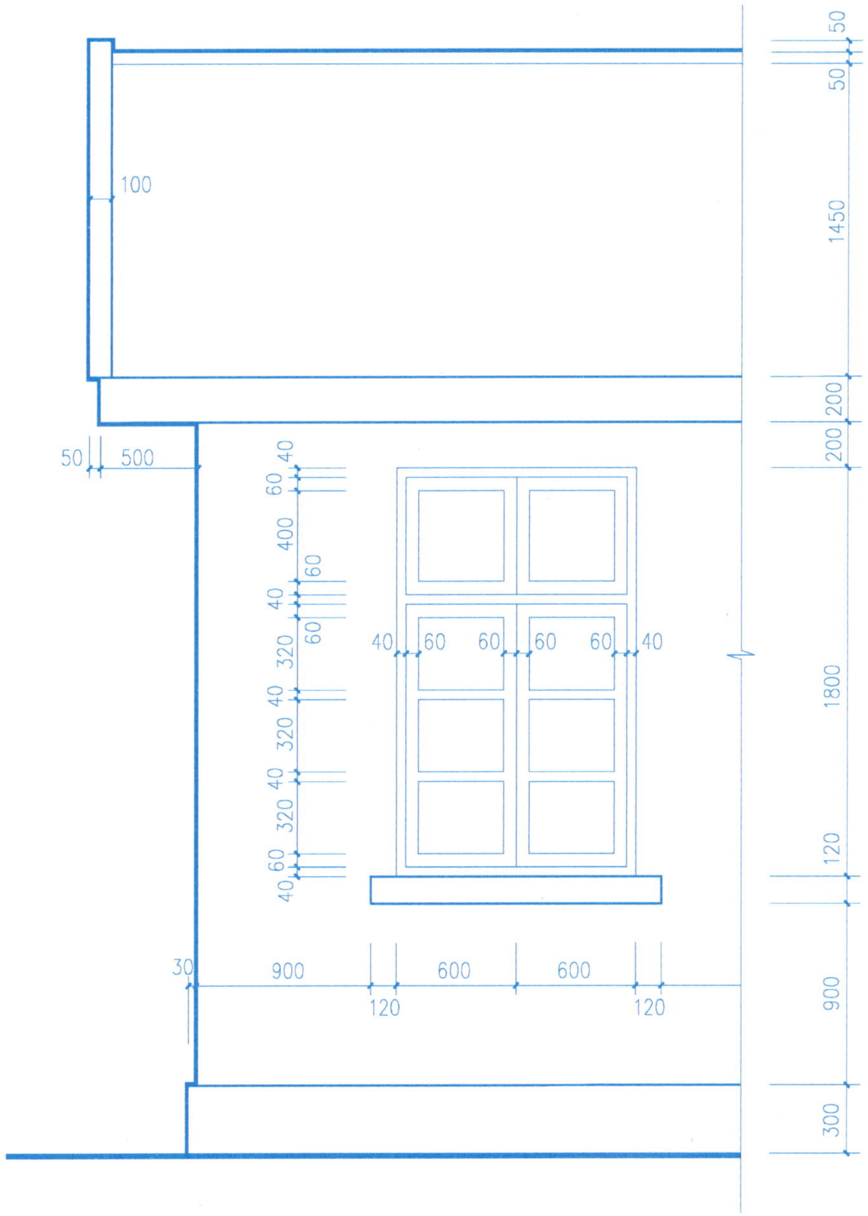

房屋立面图 1:20

说 明 ILLUSTRATION

项目负责 PROJECT MANAGER

设 计 DESIGNED BY

制 图 DREW BY

校 对 CHECKED BY

审 定 AUDITED BY

班级 CLASS

学院 COLLEGE

成绩 POINT

图 名 DRAWING TITLE

线型训练

设计号 PROJECT No.

日期 DATE

图号 DRAWING No.

地 址 ADDRESS

电 话 PHNONE No.

传 真 FAX No.

《几何作图》作业指示

一、目的

1. 进一步掌握绘图工具、仪器的正确使用和机械类尺寸标注的基本规定。

2. 熟悉圆弧连接的作图方法。

3. 了解几何作图在绘制工程图样中的实际应用。

4. 熟悉绘制铅笔图的操作技巧。

二、要求

1. 用 A3 图幅抄绘本习题集第 5 页所给有关图样。

2. 图标采用本习题集推荐的作业图标。

3. 绘图比例：第(1)、(2)小题直接在第 5 页上量取绘制；第(3)、(4)小题按题目要求比例绘制。

4. 第(3)、(4)小题均需标注尺寸。

三、作图步骤

1. 绘图幅、图框、图标的底稿线。

2. 布图：参考布图二或参考布图三，放在图纸中间部分即可。

3. 作图顺序应由上到下、从左到右，逐一绘制各图的底稿线。底稿线用 H 或 2H 铅笔轻、细、淡地画出。圆弧连接时，必须准确找出连接圆弧的圆心及公切点(连接点)，底稿图上应表示清楚。

4. 检查无误后，按图中线型要求加重，顺序为先粗后细，先圆弧线后直线。圆弧与圆弧、圆弧与直线务必准确地交于公切点，切忌画超越或画不到位。画完圆弧线后，再画粗水平线、垂直粗线。

5. 画尺寸界线、尺寸线、尺寸起止符号(初学时，尺寸界线和尺寸线也应先画底稿线)。

6. 画图框及图标。

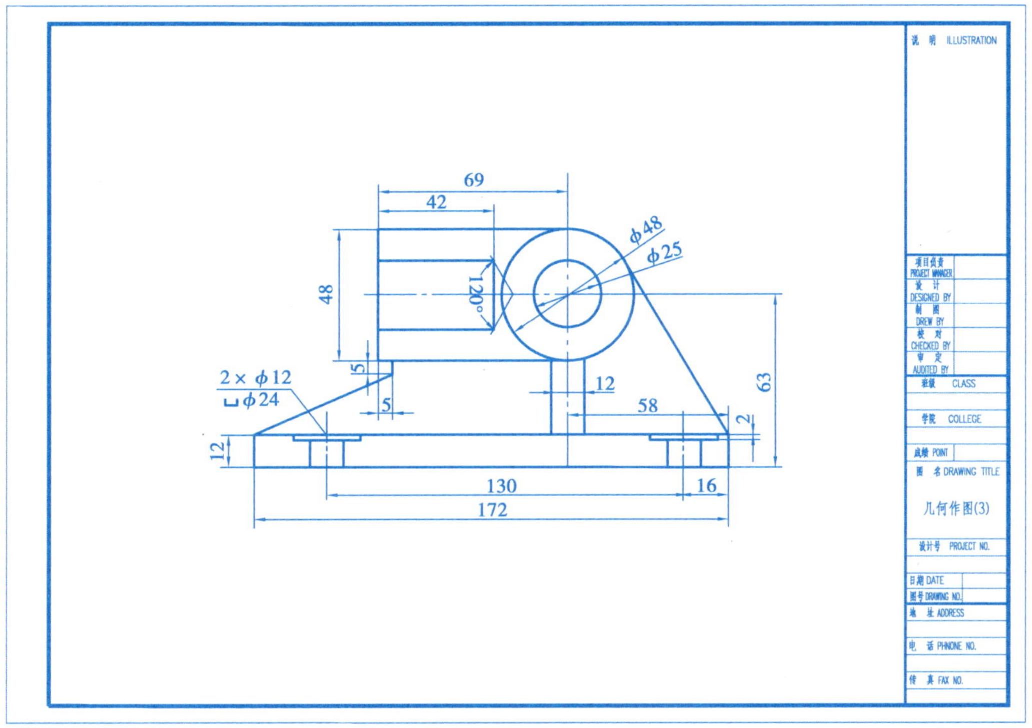

参考布图二

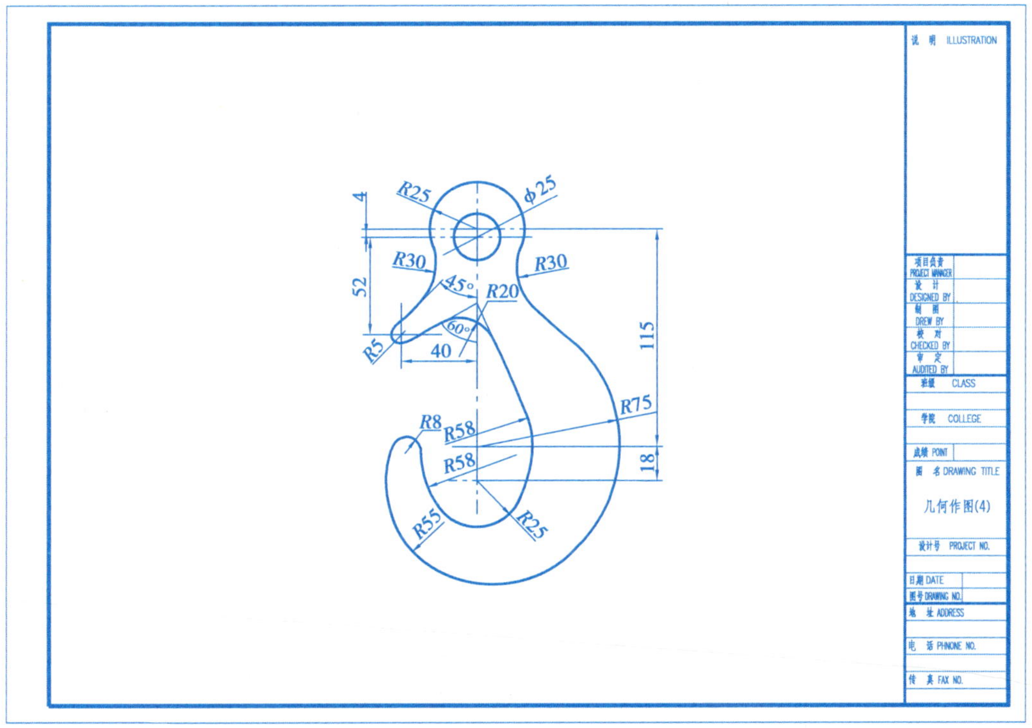

参考布图三

第 1 章　制图基本知识和基本技能	专业　　级　　班	姓名		学号		审核		成绩	

(1)在圆中作内接七边形。

(2)参照标注在左方图形上的尺寸,用1∶1的比例在指定位置画全图。

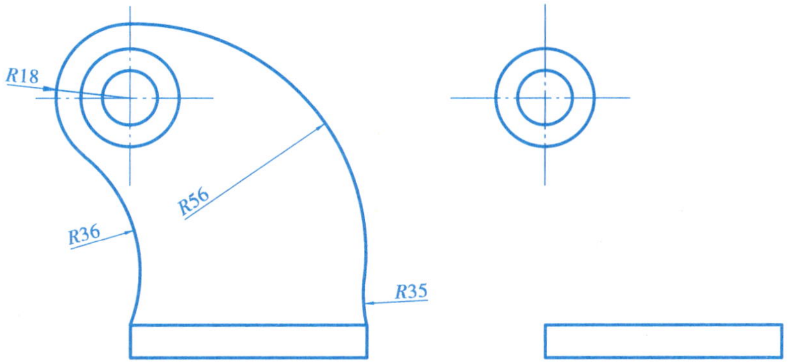

(3)参照图样所给尺寸,用1 ∶ 1 的比例在 A3 图纸上绘图并标注尺寸。

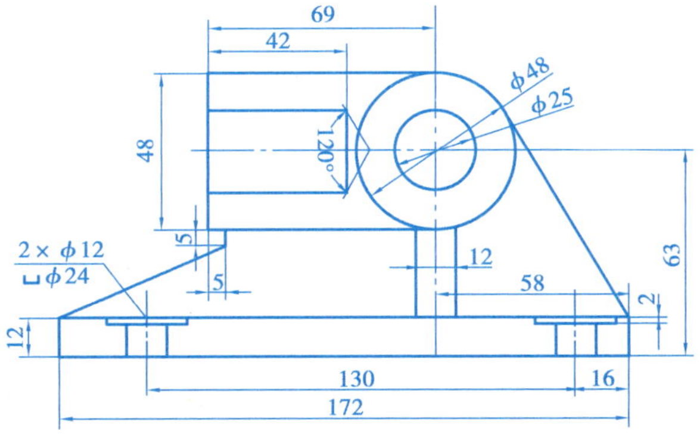

(4)用1 ∶ 1 的比例,在 A3 图纸上绘制下列平面图形。

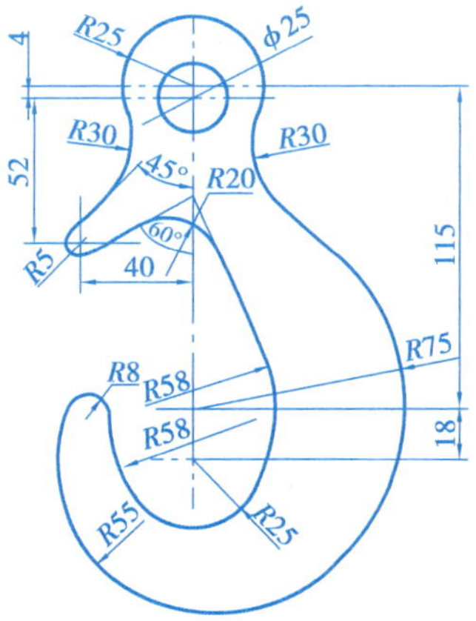

说 明 ILLUSTRATION

项目负责 PROJECT MANAGER	
设 计 DESIGNED BY	
制 图 DREW BY	
校 对 CHECKED BY	
审 定 AUDITED BY	

班级 CLASS

学院 COLLEGE

成绩 POINT

图 名 DRAWING TITLE

简单图形训练

设计号 PROJECT No.

日期 DATE

图号 DRAWING No.

地 址 ADDRESS

电 话 PHNONE No.

传 真 FAX No.

2-1　画出下列各形体的三面投影图。

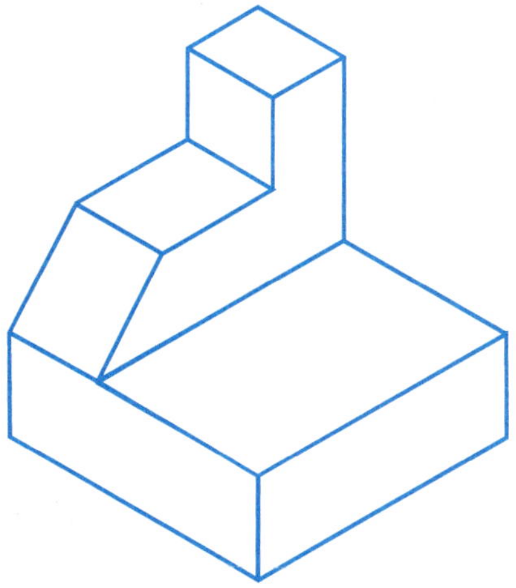

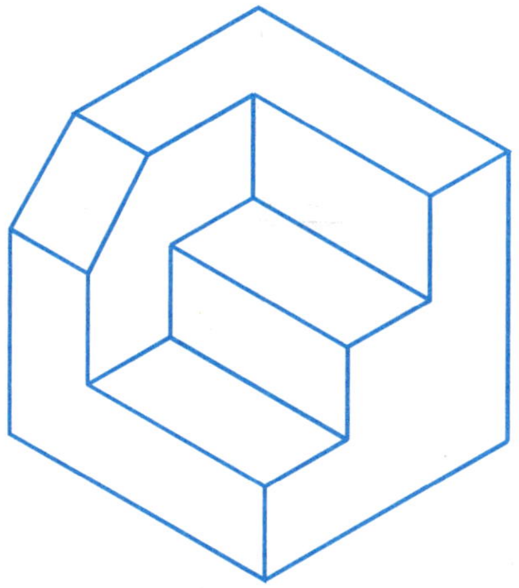

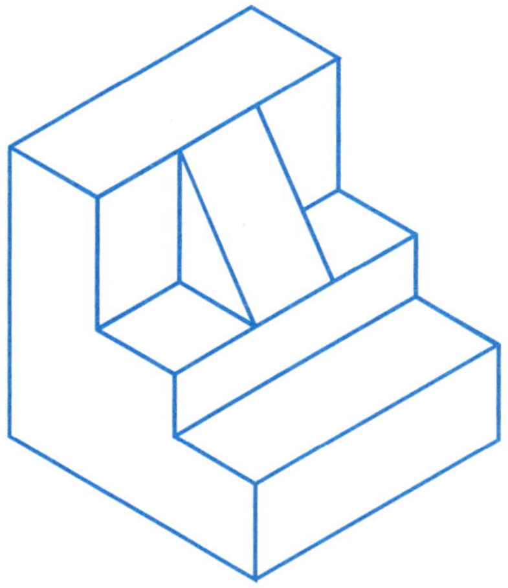

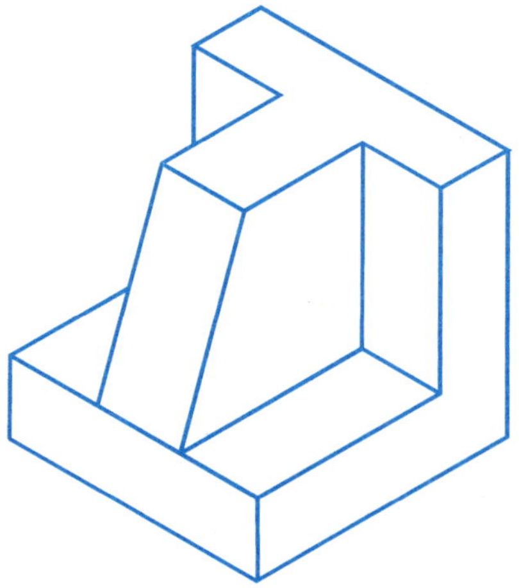

专业　　级　　班	姓名		学号		审核		成绩	

2-2 画出该形体的侧面投影图。

2-3 画出该形体的正面投影图。

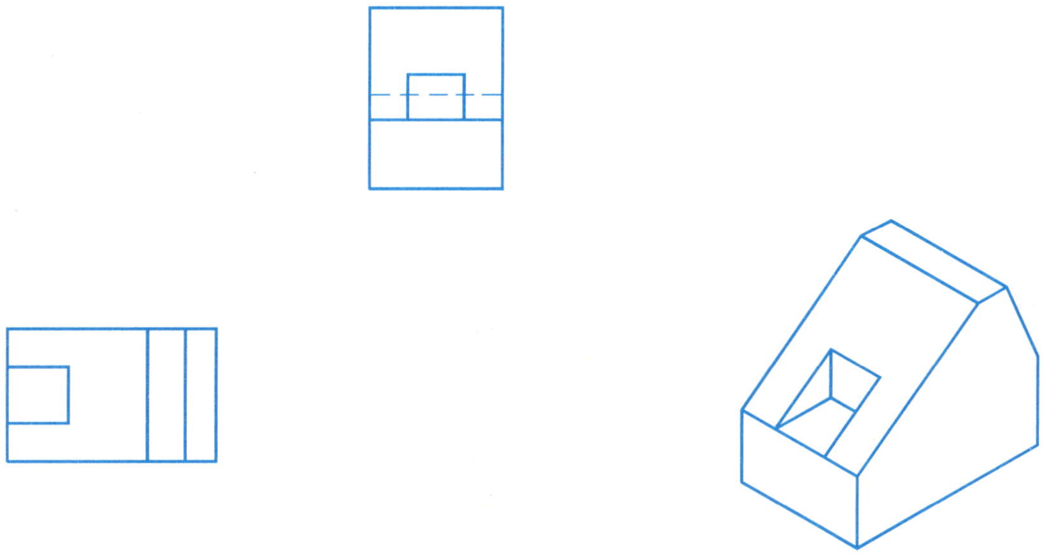

2-4 画出该形体的水平投影图。

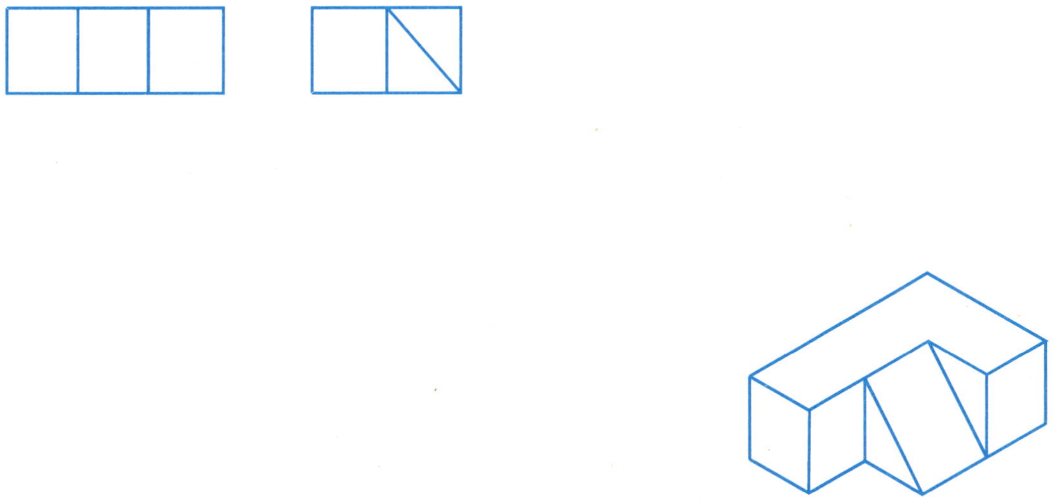

2-5 画出该形体的水平投影图。

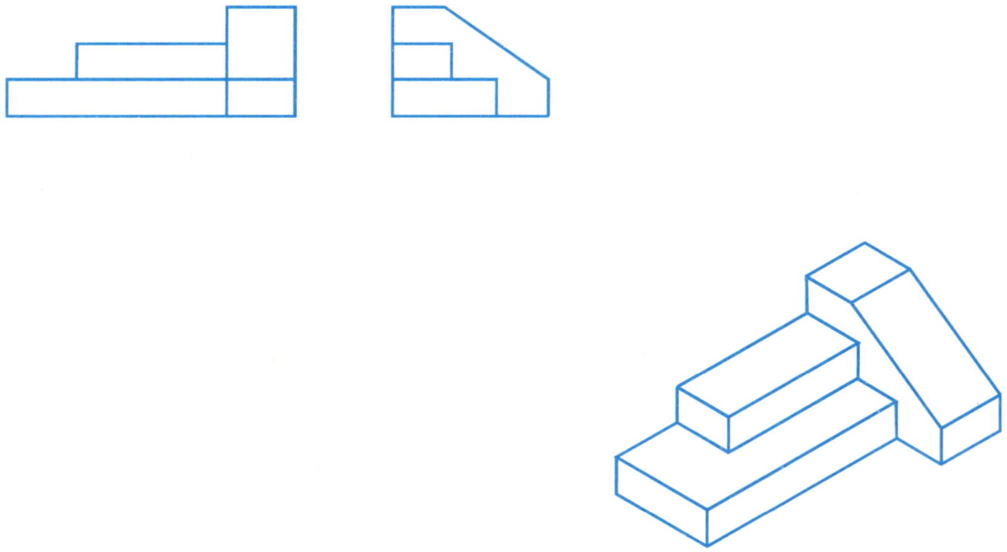

第 2 章　投影的基本概念	专业　　　级　　班	姓名		学号		审核		成绩

3-1　已知点的两面投影，求第三投影。

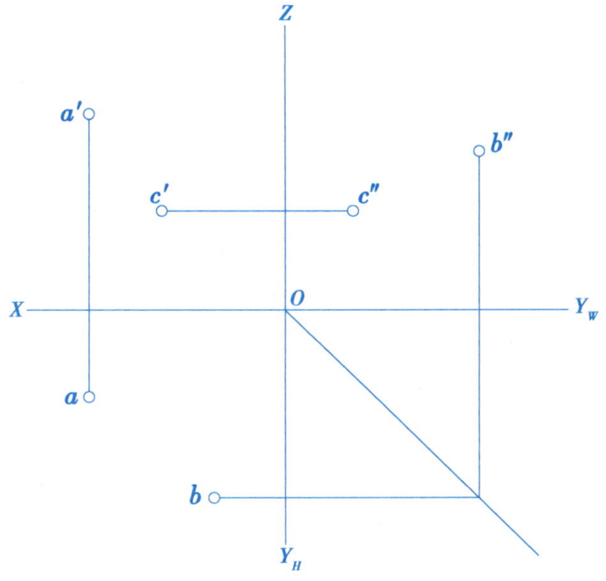

3-2　已知点的两面投影，求第三投影，并在表格中填上它们的空间位置。

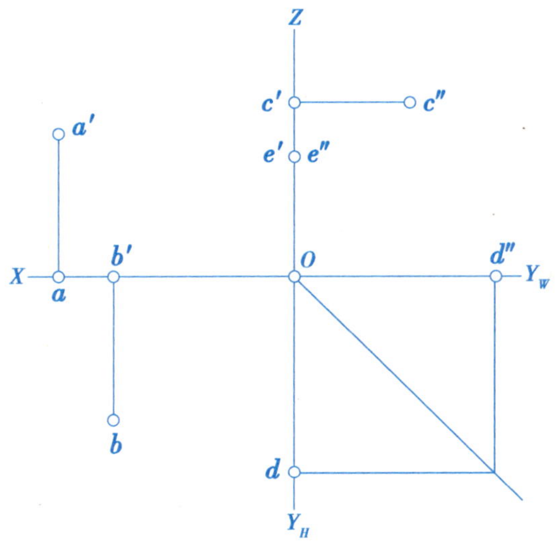

点	位置
A	
B	
C	
D	
E	

3-3　已知 A、B、C、D 四点的各一个投影 a、b″、c′、d′，且 $Aa=25$，$Bb''=15$，$Cc'=20$，$Dd'=30$。试完成它们的三面投影。（单位：mm）

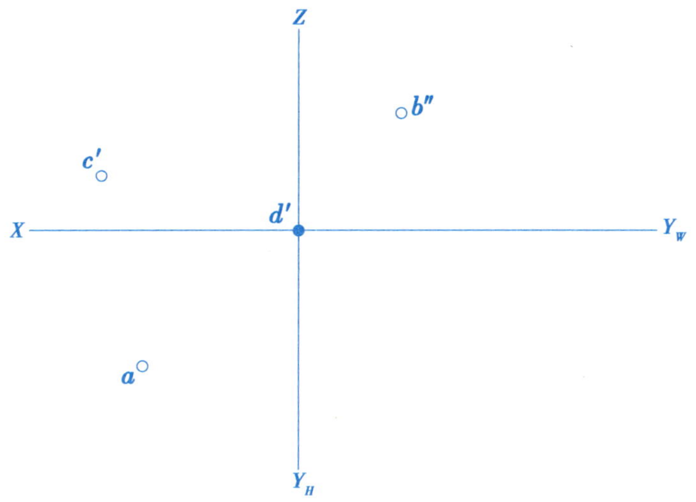

3-4　根据表中所给出的点到投影面的距离，作出点的三面投影。（单位：mm）

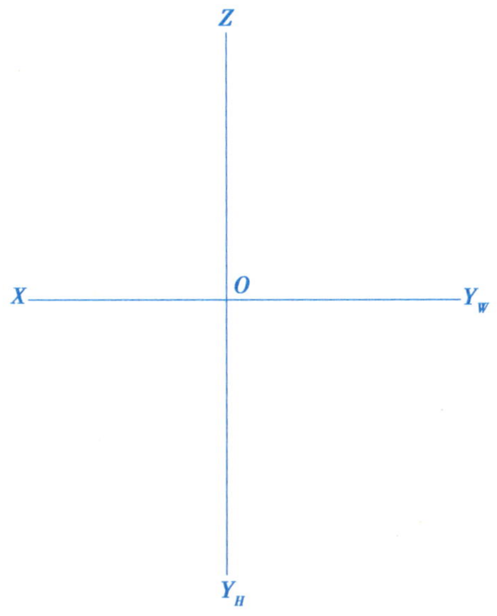

距离 点位	离H面	离V面	离W面
A	20	15	10
B	10	5	15
C	5	20	0
D	15	0	20

3-5　试判别下列投影图中 A、B、C、D、E 五点的相对位置。（填入表中）

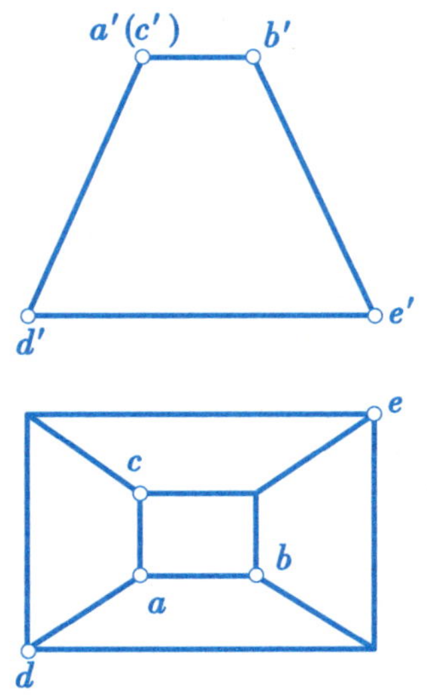

A点在B点	
A点在C点	
B点在C点	
A点在D点	
B点在E点	

3-6　已知 A 点的两面投影，求点 B、C、D 的三面投影，使 B 点在 A 点的正下方 10，C 点在 A 点的正前方 10，D 点在 A 点的正左方 15，并判断可见性。（单位：mm）

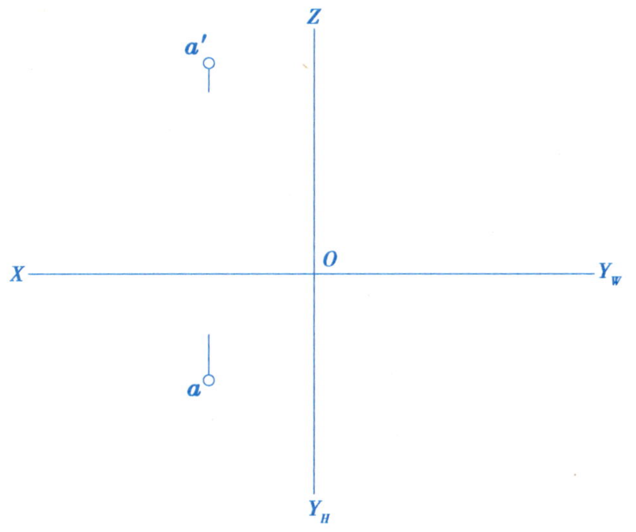

3-7　下列 4 题，已知线段 *AB* 的两面投影，求作第三面投影，并注写各线段与投影面的相对位置。

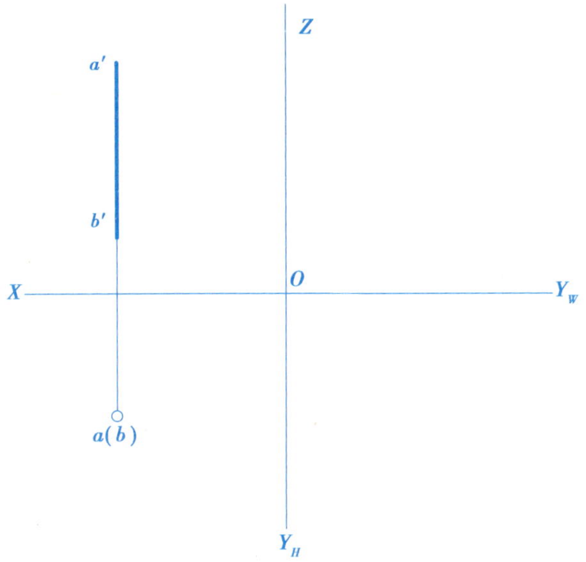

(1) 直线 *AB* 是________

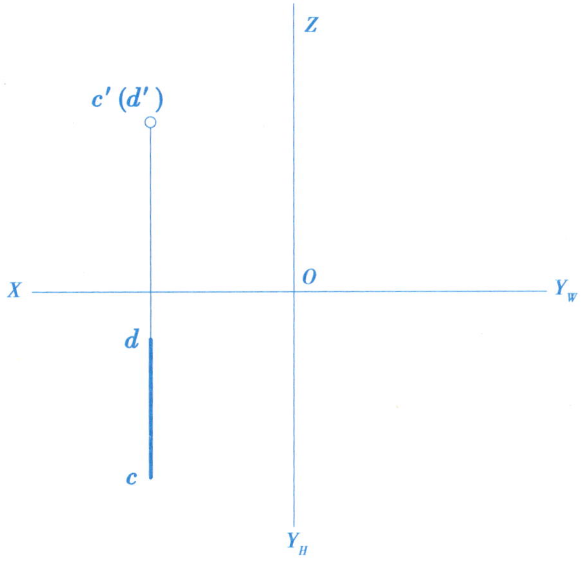

(2) 直线 *CD* 是________

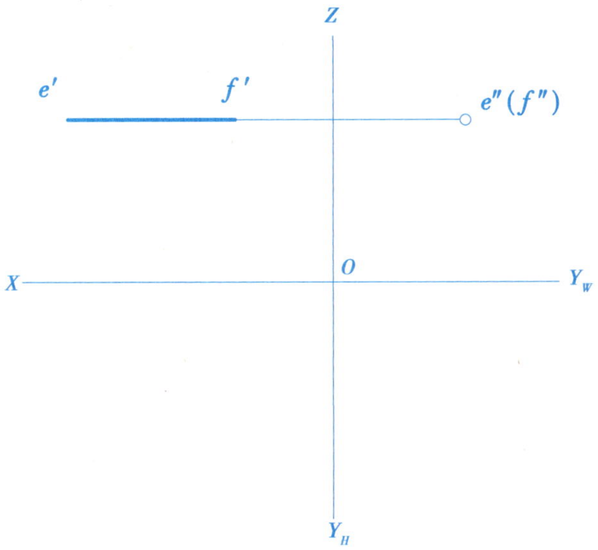

(3) 直线 *EF* 是________

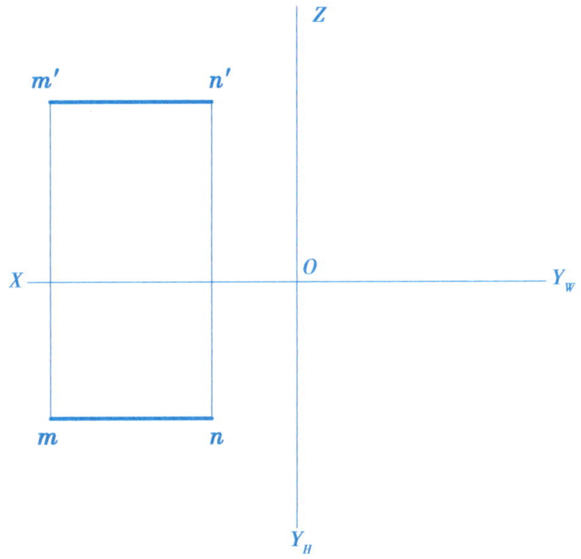

(4) 直线 *MN* 是________

3-8　下列 4 题，已知线段 *AB* 的两面投影，求作第三面投影，在反映实长的投影上注写“SC”，并注写各线段与投影面的倾角和相对位置。

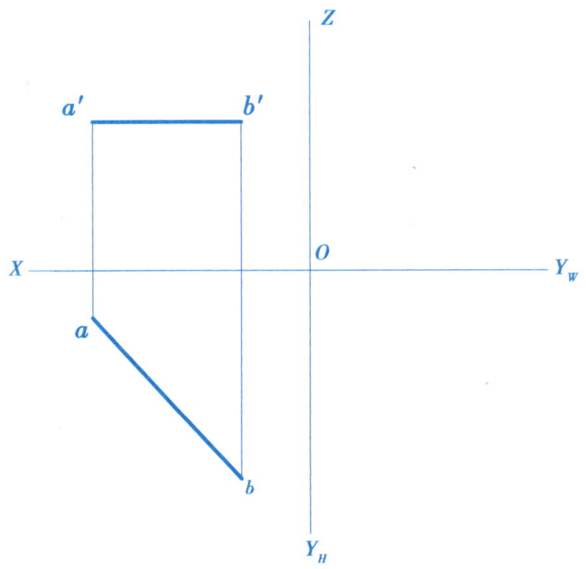

(1) 直线 *AB* 是________

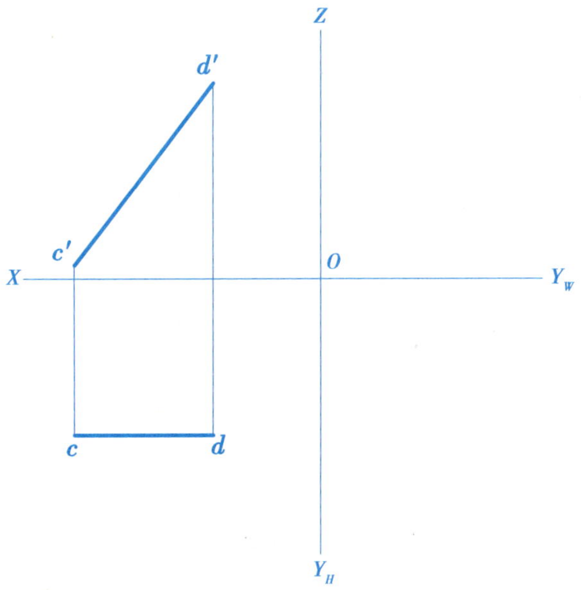

(2) 直线 *CD* 是________

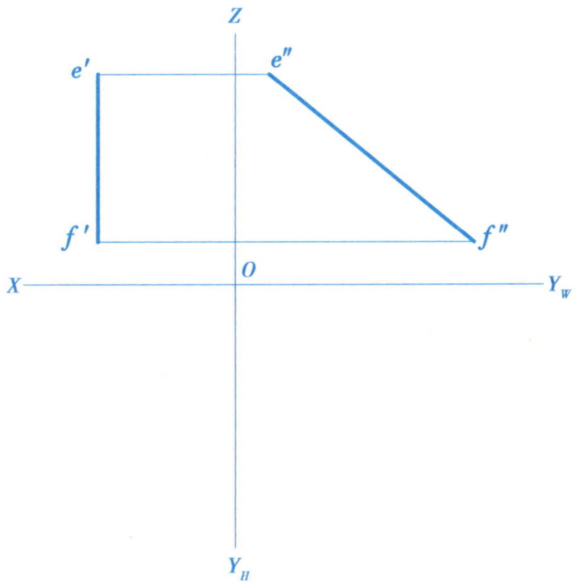

(3) 直线 *EF* 是________

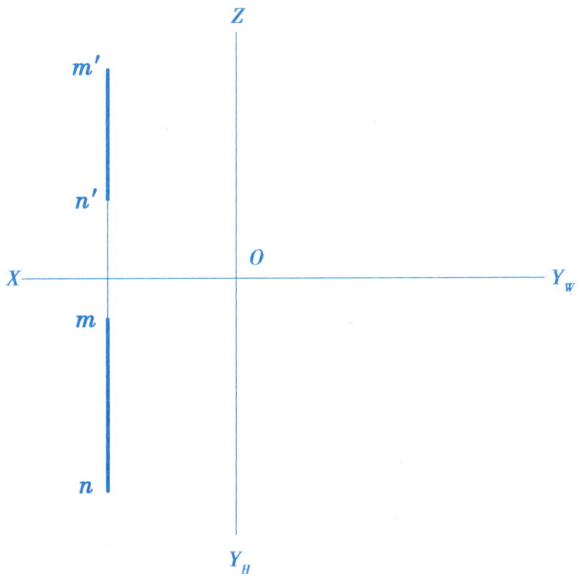

(4) 直线 *MN* 是________

3-9 （1）求线段 AB 的实长和 α 角。

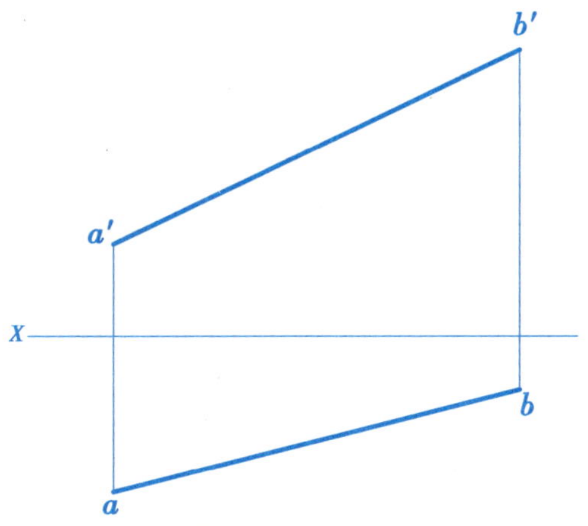

（2）求线段 AB 与 V、W 面的倾角 β 和 γ。

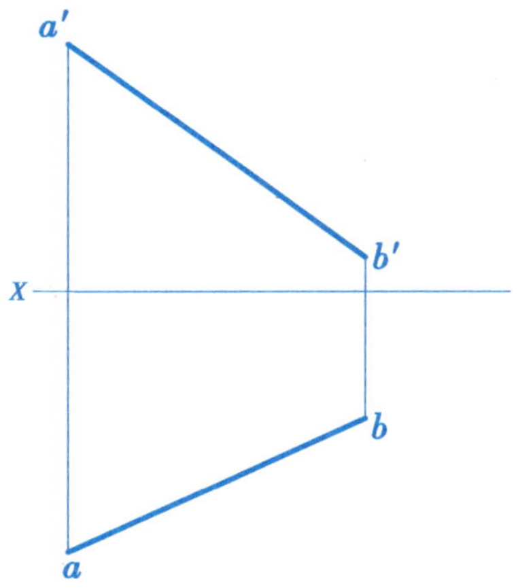

3-10 （1）已知线段 AB 的 H 面投影 ab 及 V 面投影 a'，$AB=50$ mm，请完成 AB 的 V 面投影。有几解？

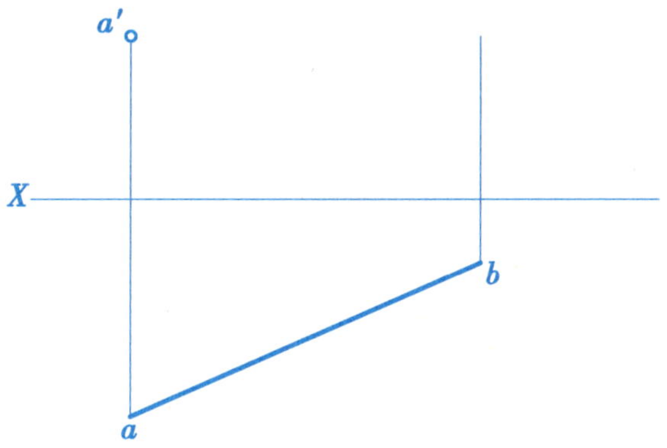

有________解

（2）已知线段 AB 的 V 面投影 $a'b'$ 及 H 面投影 a，$\beta=30°$，请完成 AB 的 H 面投影 ab。有几解？

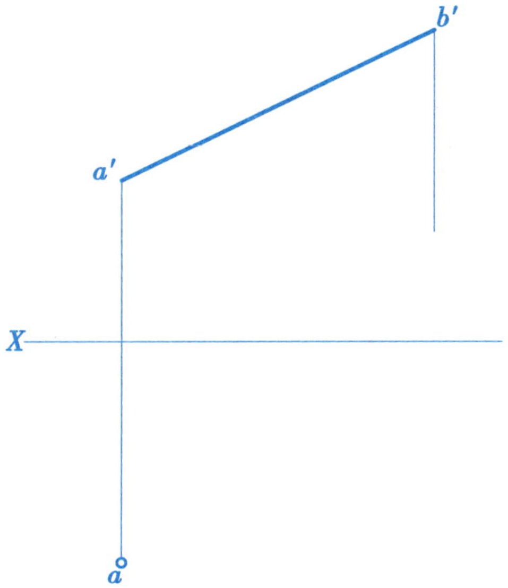

有________解

3-11 已知 C 点属于线段 AB，且 $AC:CB=3:1$，求作 C 点的 V、H 面投影。

（1）

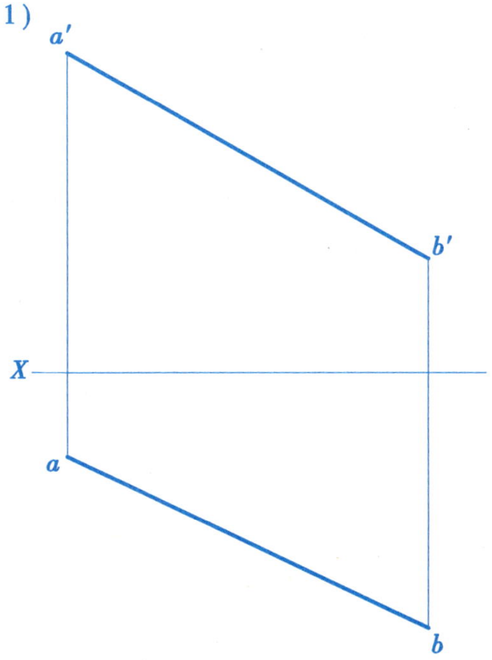

（2）

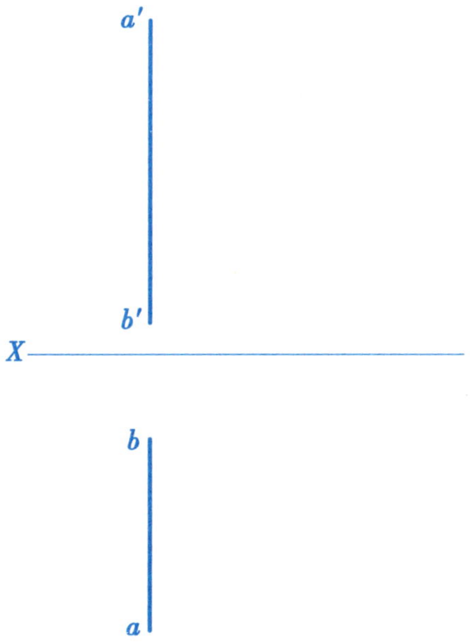

3-12 已知线段 AB 的投影，试取属于 AB 的一点 K，使 $AK=25$ mm，求作 K 点的投影 k、k'，并求出直线的 H、V 面迹点。

（1）

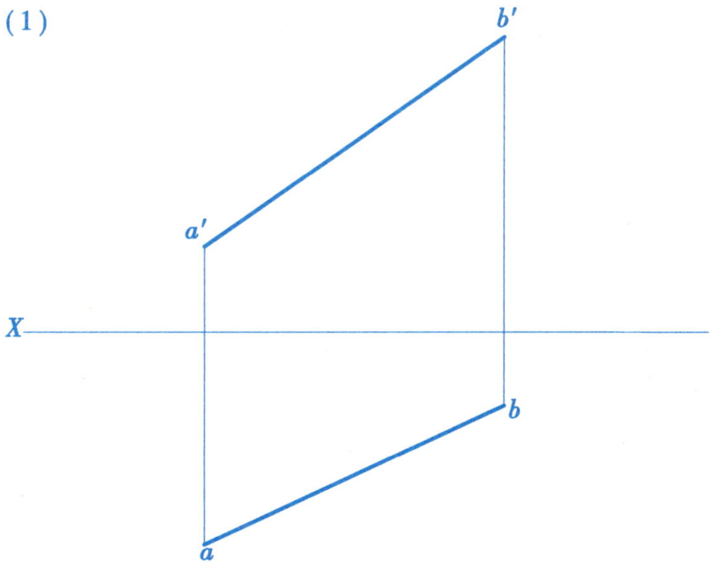

（2）

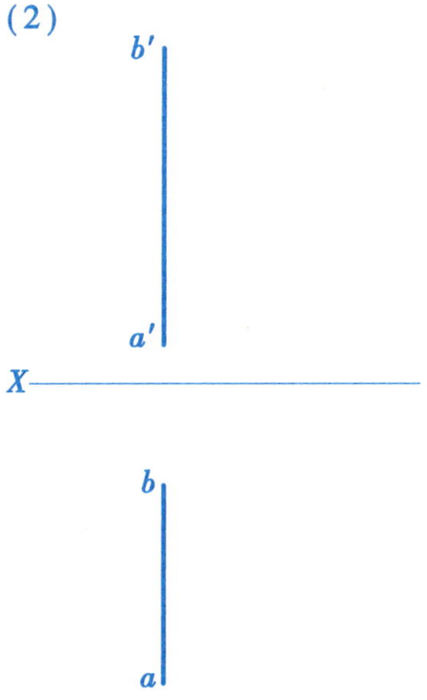

3-13　下列各图中，表示点 M 属于直线 AB 的是图（　　）。

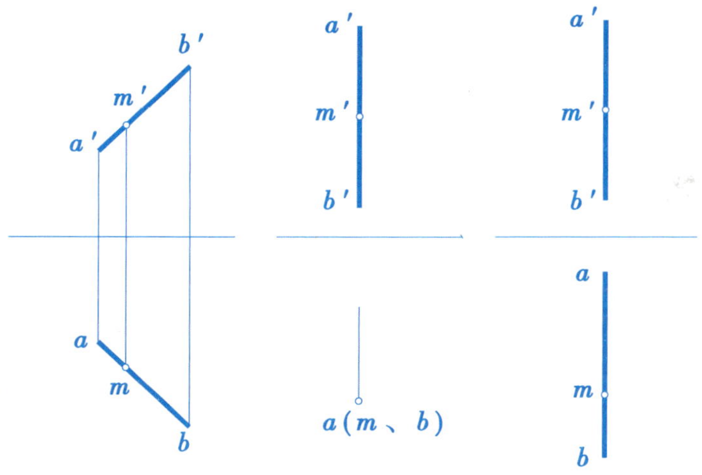

(a)　　(b)　　(c)

3-14　下列各图中，用标记小圆圈代表线段的实长，其中正确的投影图是（　　）。

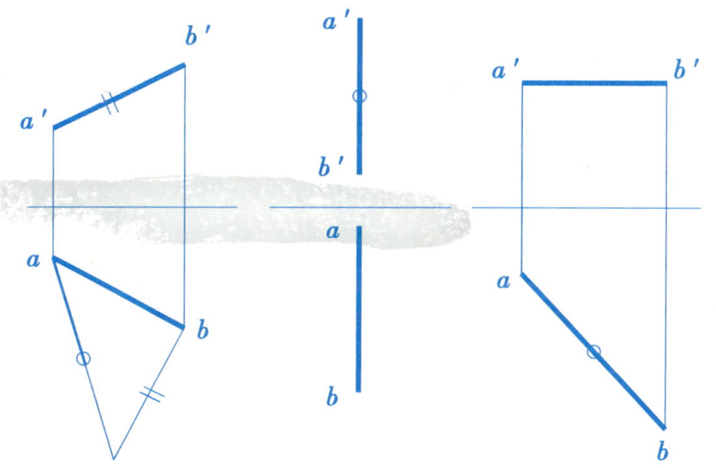

(a)　　(b)　　(c)

3-15　下列各图中，反映两直线垂直相交的是图（　　）。

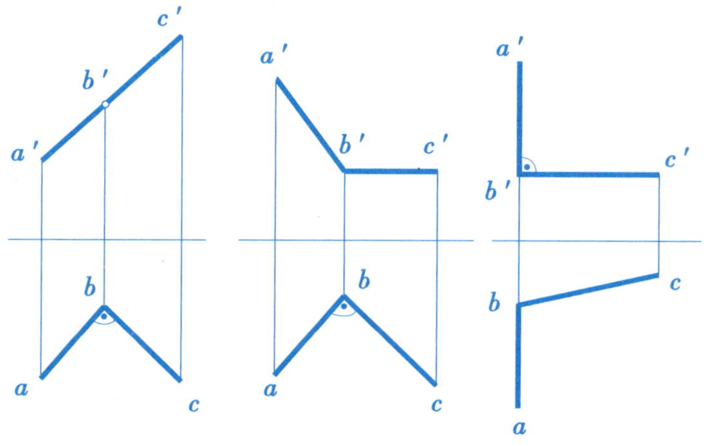

(a)　　(b)　　(c)

3-16　下列各图中，表示两直线平行的投影图是（　　）。

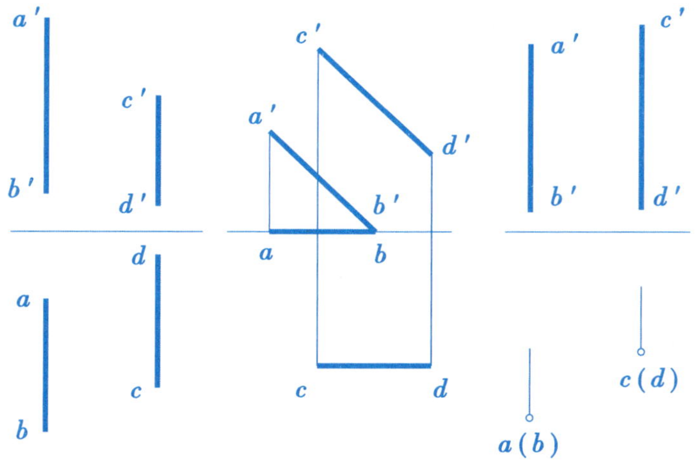

(a)　　(b)　　(c)

3-17　下列各图中，能正确反映两直线间的真实距离 L 的图是（　　）。

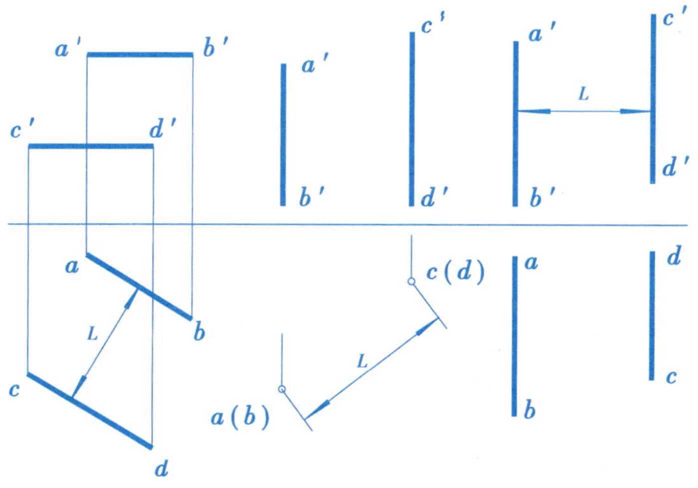

(a)　　(b)　　(c)

3-18　下列各图中，表示交叉两直线的图是（　　）。

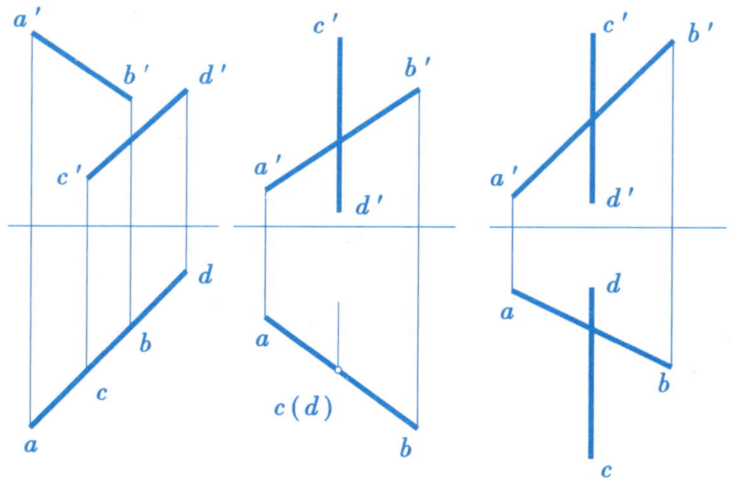

(a)　　(b)　　(c)

3-19　判别下列 *AB* 与 *CD* 两直线的相对位置。

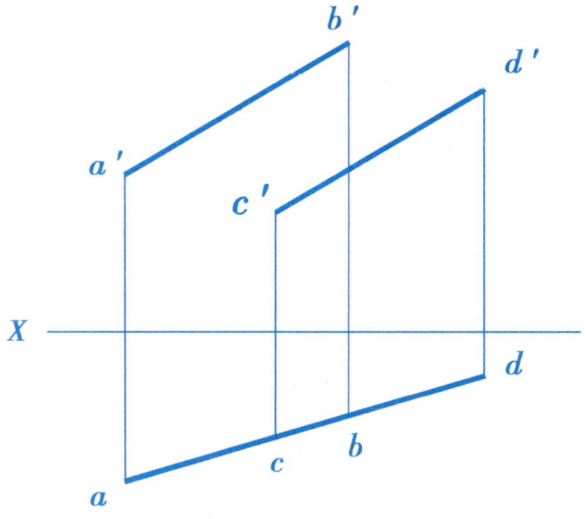

AB ________ *CD*

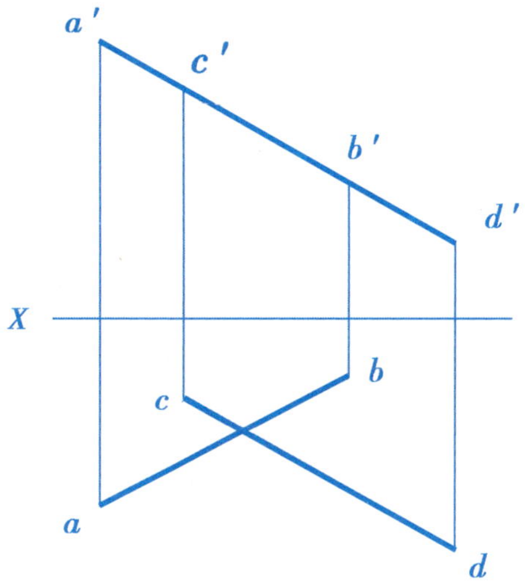

AB ________ *CD*

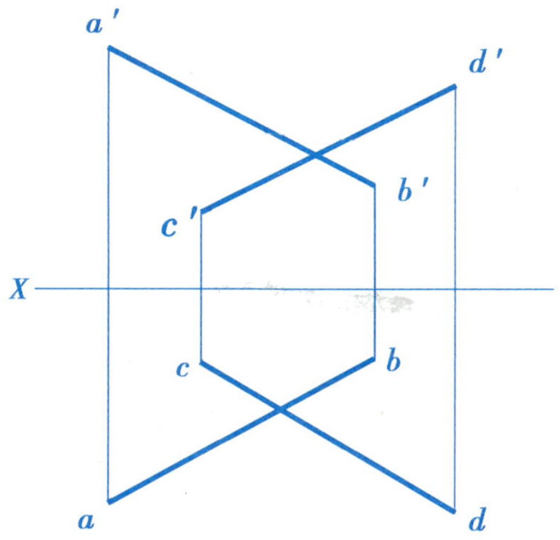

AB ________ *CD*

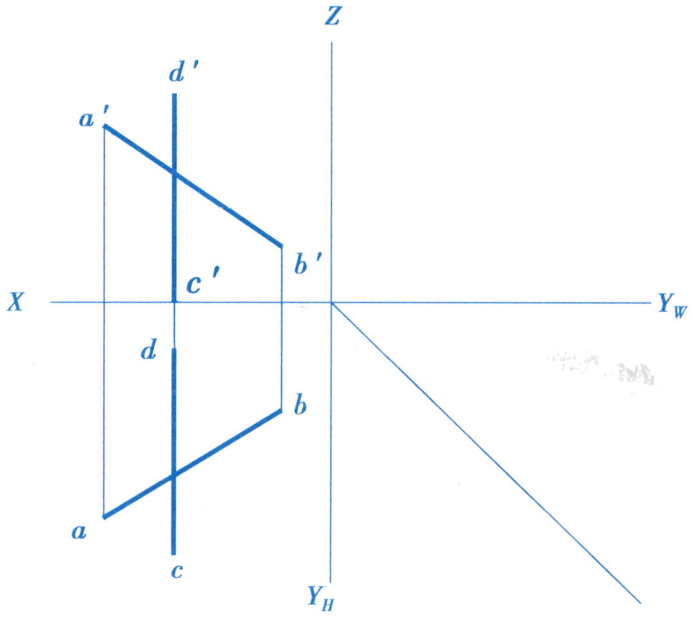

AB ________ *CD*

3-20　求作一水平线与三直线 *AB*、*CD*、*EF* 均相交。

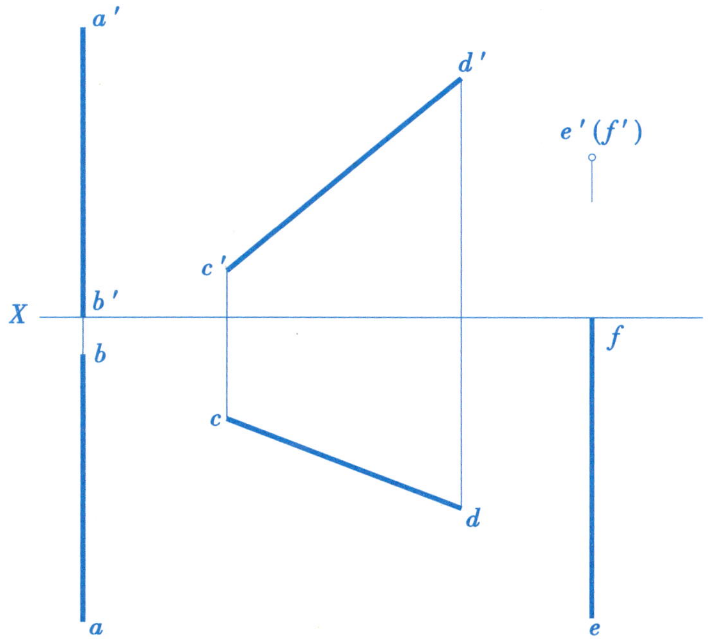

3-21　已知正方形 *ABCD* 的对角线在直线 *EF* 上，试完成该正方形的 *H*、*V* 投影。

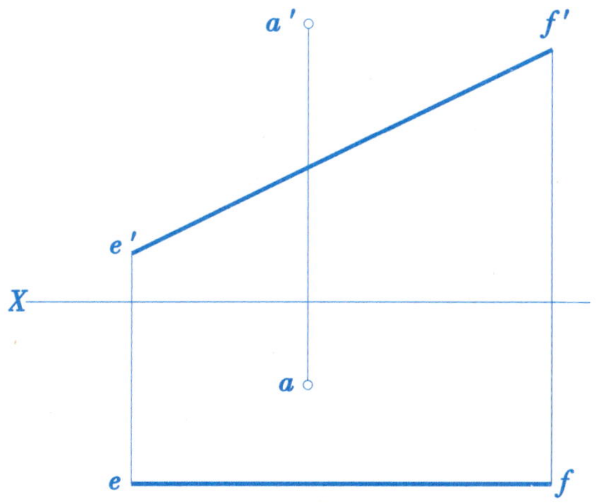

3-22　过点 *C* 作直线 *CD* 与直线 *AB* 相交，交点距 *V* 面 20 mm，且 *D* 点属于 *V* 面。

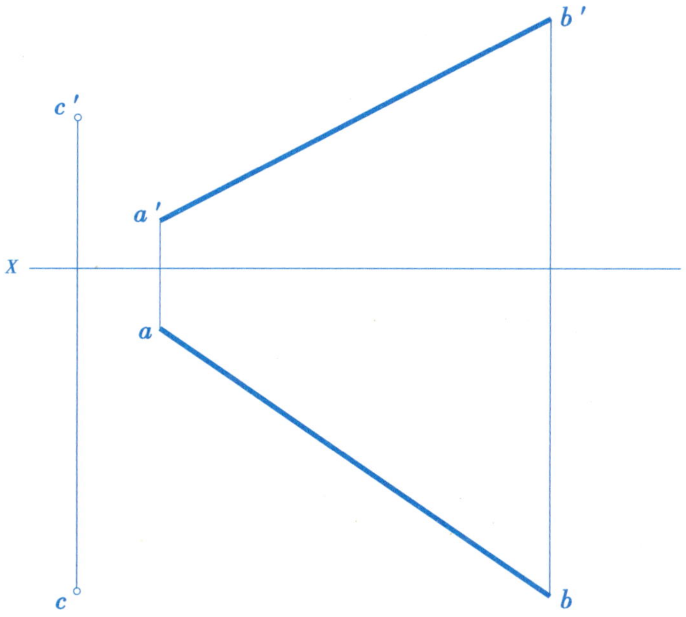

第 3 章　点、直线、平面的投影	专业　　级　　班	姓名		学号		审核		成绩	

3-23 已知对角线 AC 和点 B 的 V 面投影，试完成菱形 $ABCD$ 的 H、V 面投影。

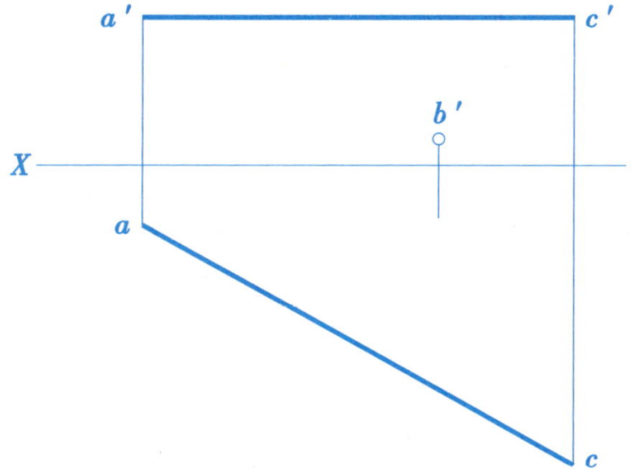

3-24 矩形 $ABCD$ 的对角线 AC 为水平线，试完成该矩形的 V 面投影。

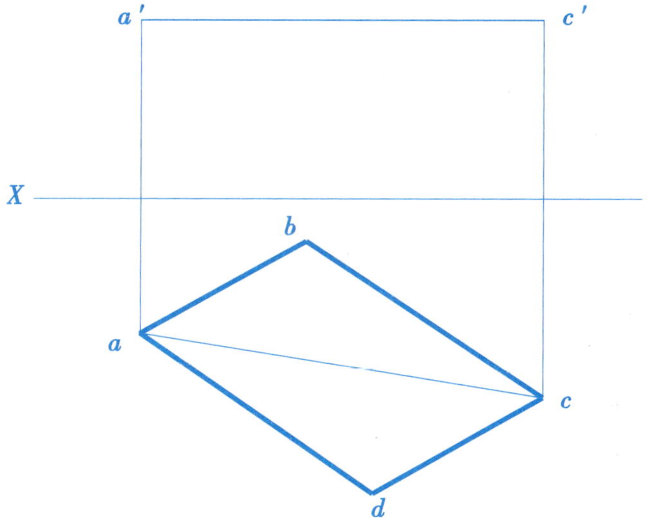

3-25 已知 $AB=50$ mm，CD 平行于 AB，且 $AB:CD=2:1$，求作 AB、CD 的投影。（作出一解即可）

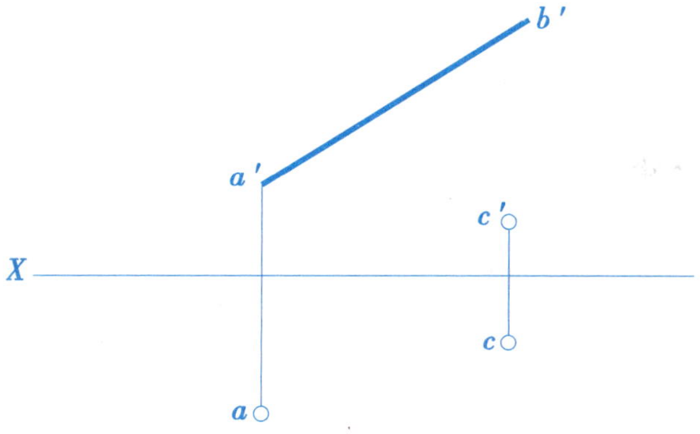

3-26 已知点 C 到直线 AB 的距离为 30 mm，求 c'。

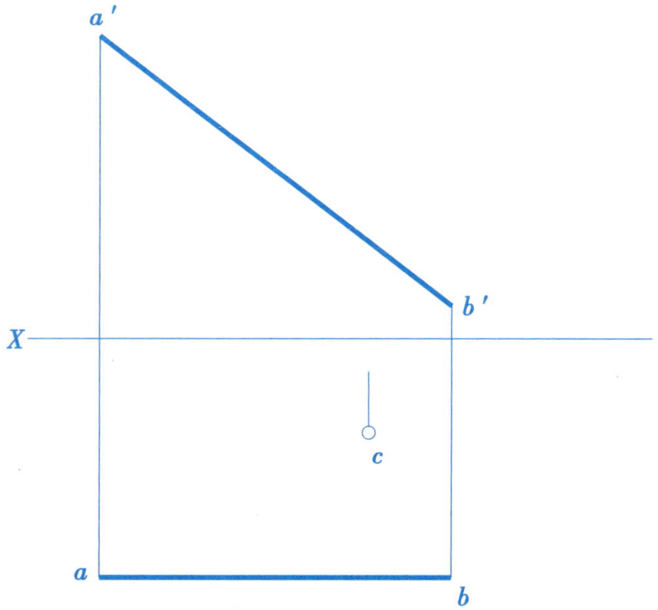

3-27 已知直线 AB 垂直于 BC，$BC=30$ mm，点 C 属于 V 面，求 $b'c'$、bc。

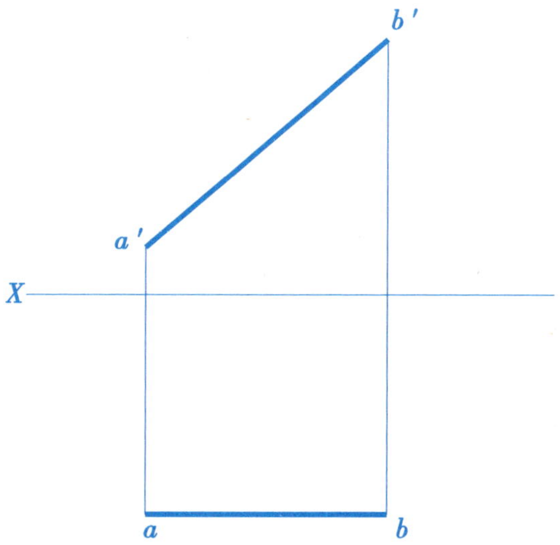

3-28 已知等边三角形 ABC 一边 BC 属于 EF，试完成此三角形的 V、H 面投影。

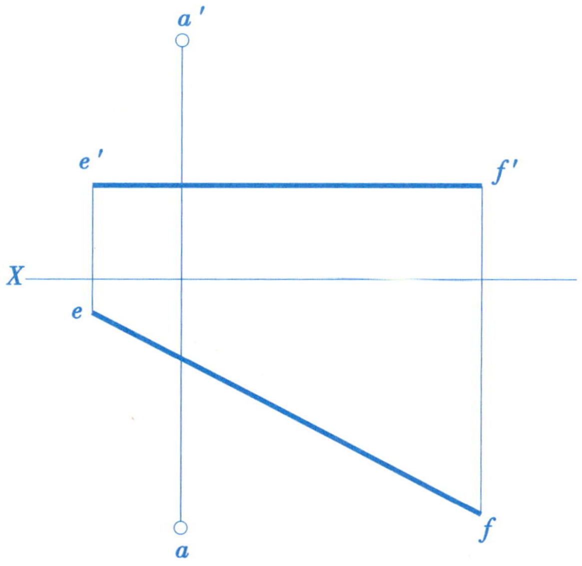

3-29 已知相交二直线决定的平面 P 的投影，试求其迹线。

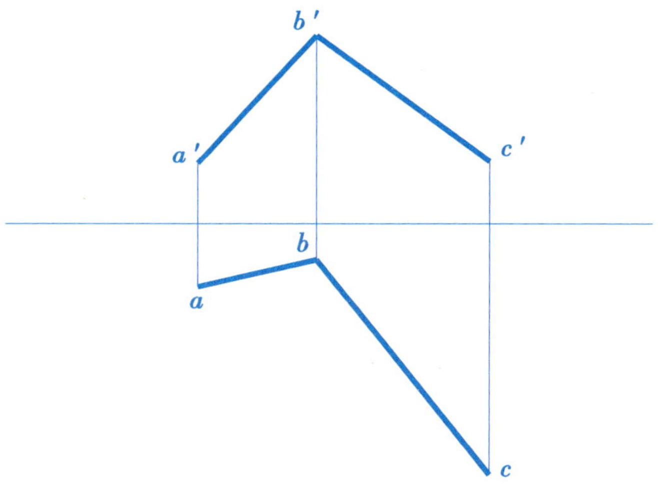

3-30 已知下列各平面及其所属的点 K 的一个投影：

（1）补画出平面及其所属的 K 点所缺的投影；

（2）标明平面 P 和投影面的相对位置；

（3）标明投影面垂直面对投影面的倾角。

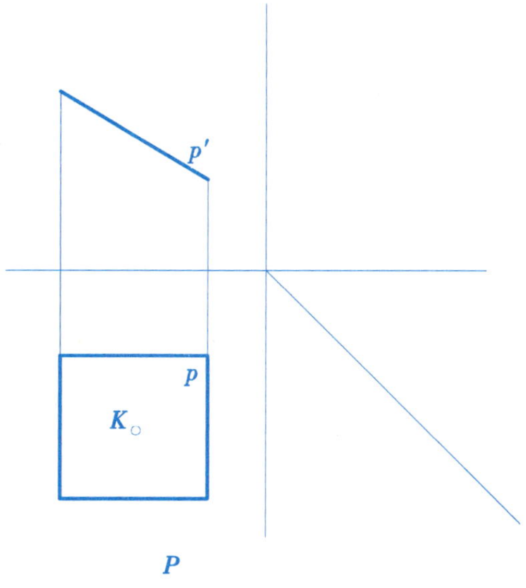

（a）

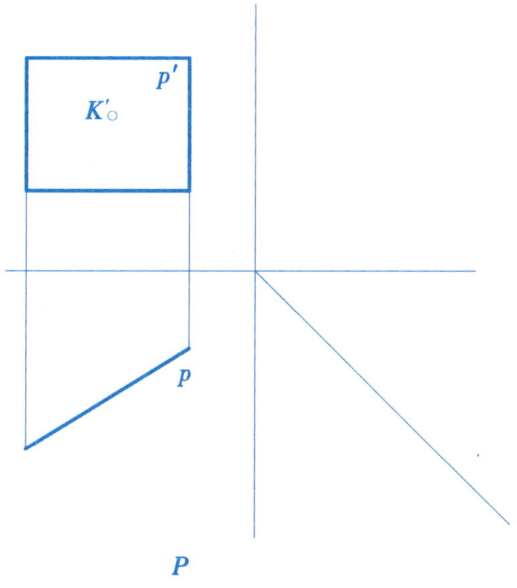

（b）

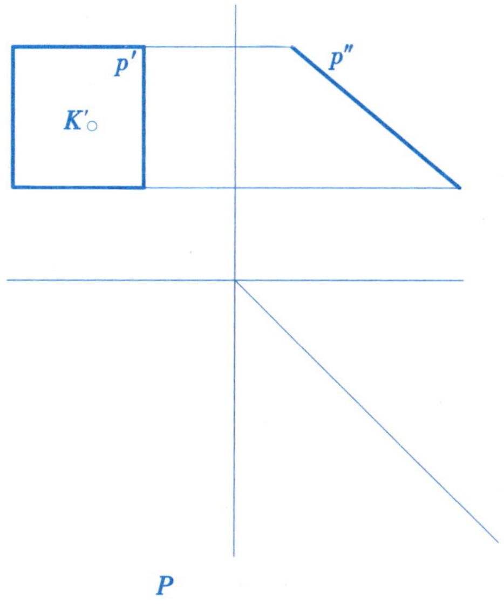

（c）

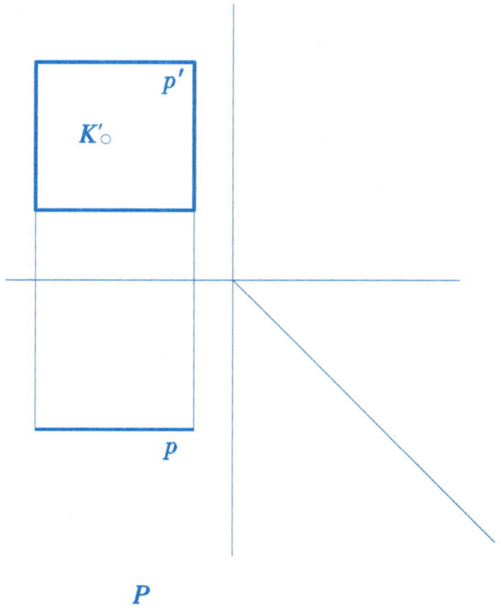

（d）

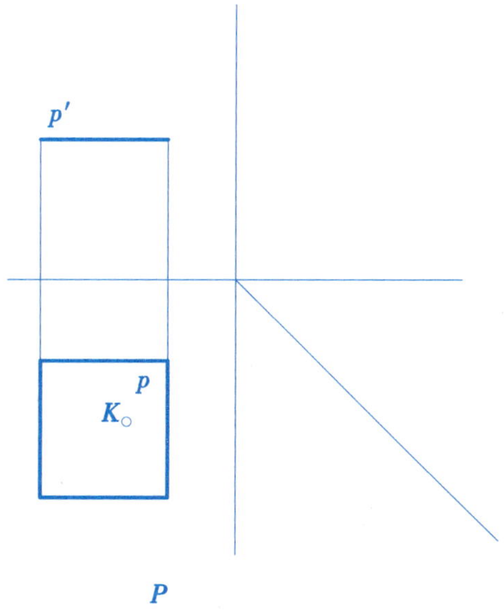

（e）

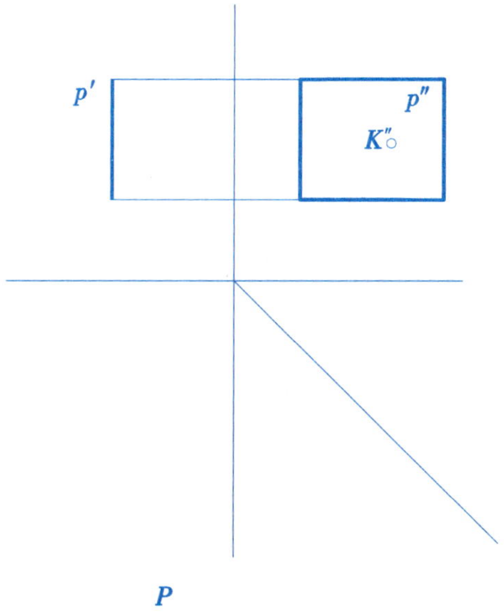

（f）

3-31 包含已知直线 AB 作平面 P（用迹线表示）。

（1）$P/\!/H$

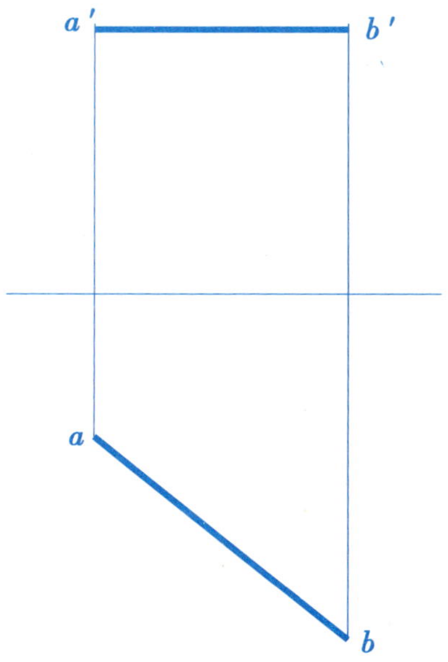

（a）

（2）$P\perp H$，$\beta=30°$

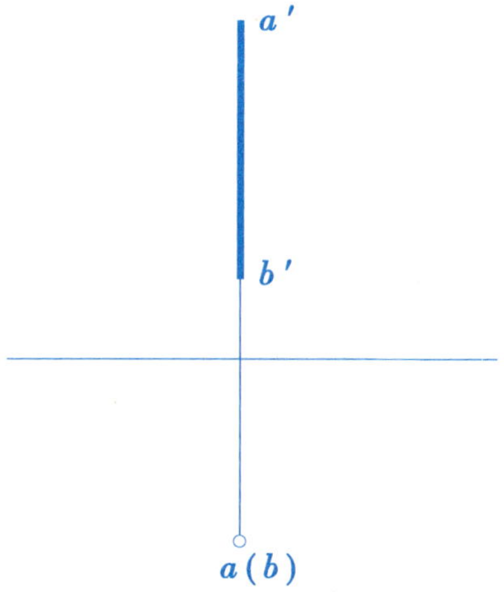

（b）

3-32　下列各图中，表示点 K 属于△ABC 的是图________。

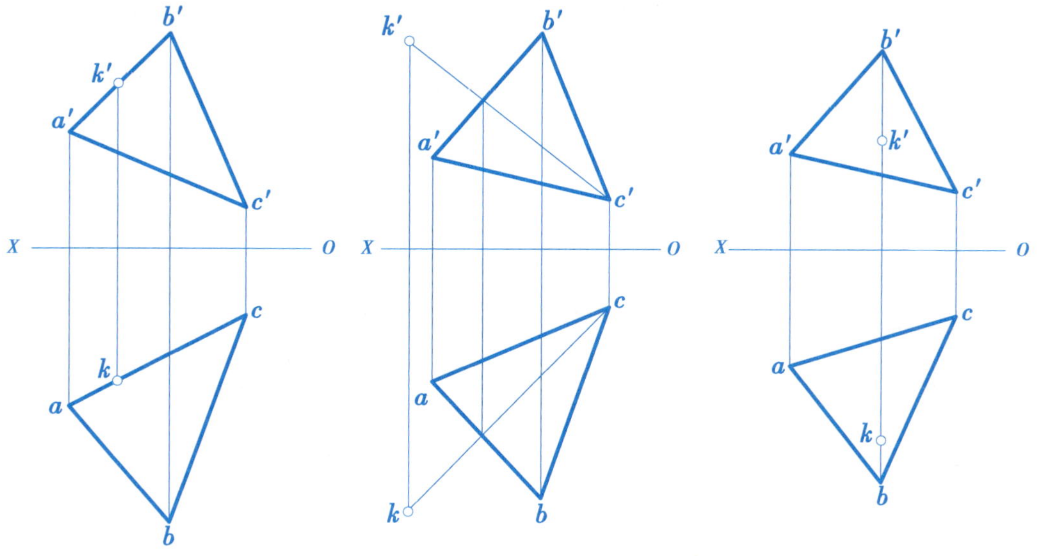

(a)　　(b)　　(c)

3-33　△ABC 属于平面 P，试求作其 H 面投影。

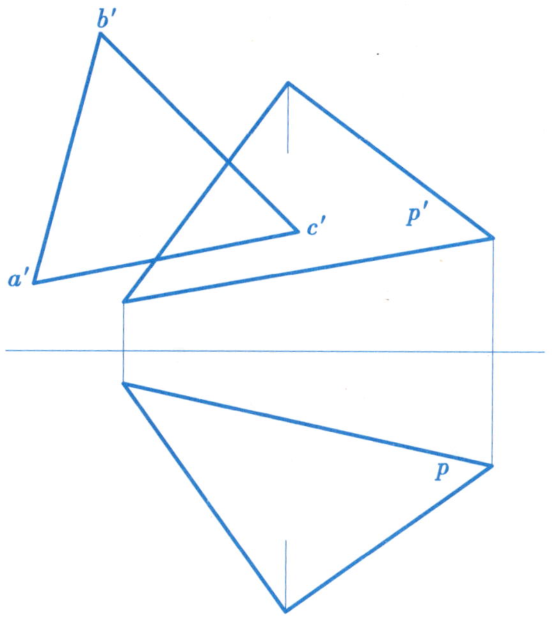

3-34　取一点 K 属于平面 P，且距 V 面 20 mm，距 H 面 15 mm。

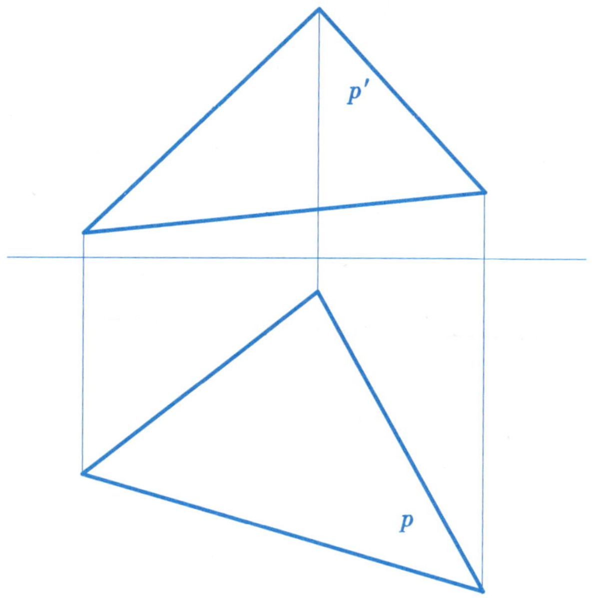

3-35　判别已知点和直线是否属于平面。

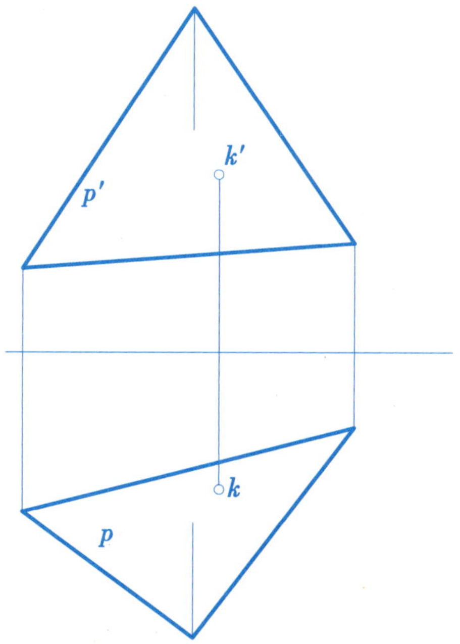

K ________平面 P

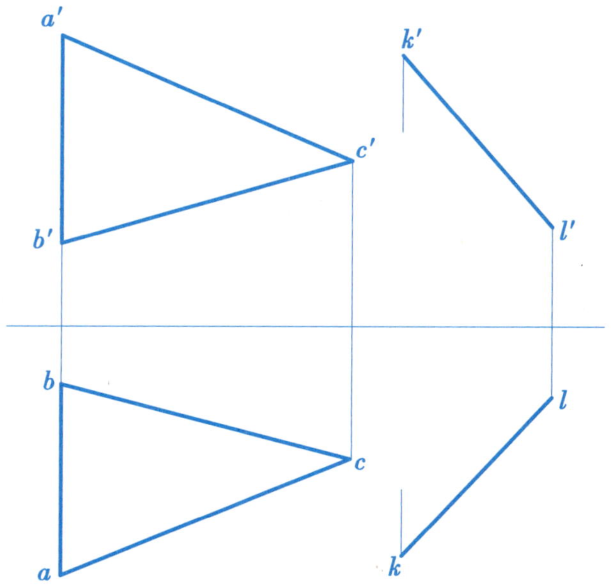

KL ________△ABC

3-36　求作属于△ABC，与投影面 H、V 等距离的点的轨迹。

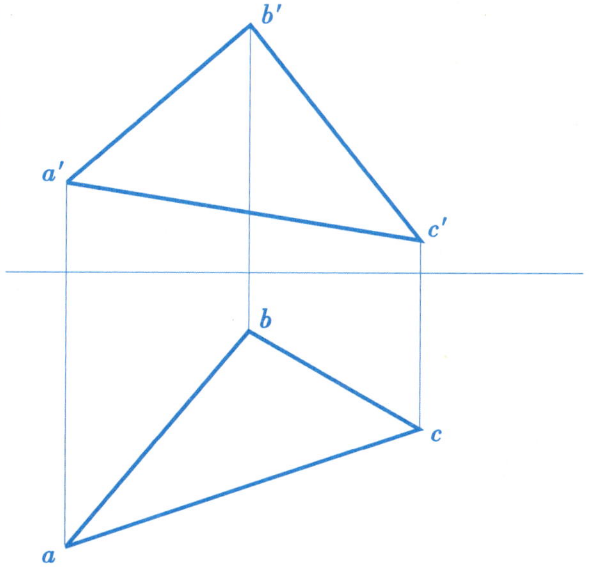

3-37 已知五边形 *ABCDE* 的 *V* 面投影及其一边 *AB* 的 *H* 面投影，并知 *AC* 为正平线，试完成其 *H* 面投影。

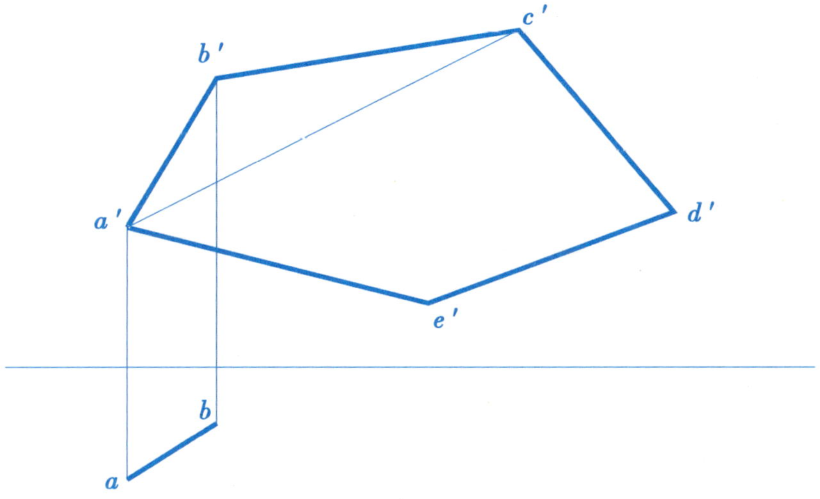

3-38 求平面对投影面的倾角：

(a)求对 *H* 面的倾角 α；

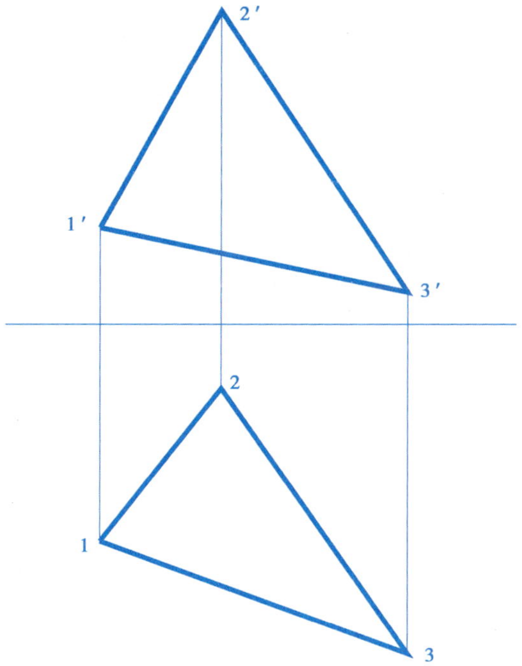

(a)

(b)求对 *V* 面的倾角 β。

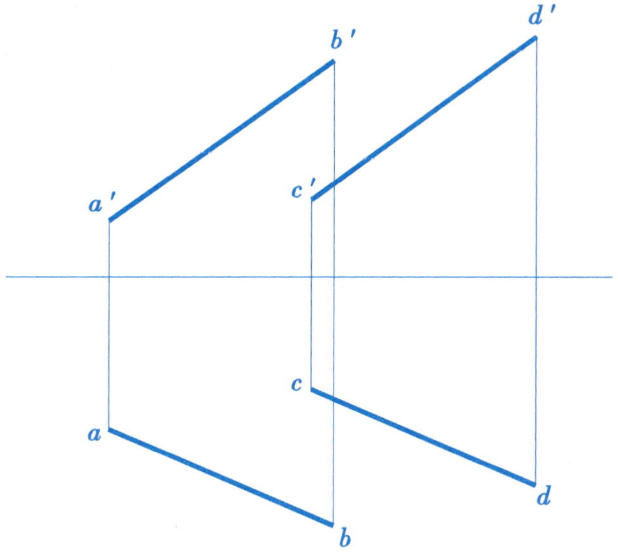

(b)

3-39 已知 *AB* 为平面 *P* 对 *V* 面的最大斜度线，求作该平面的投影和对 *H* 面的倾角 α。

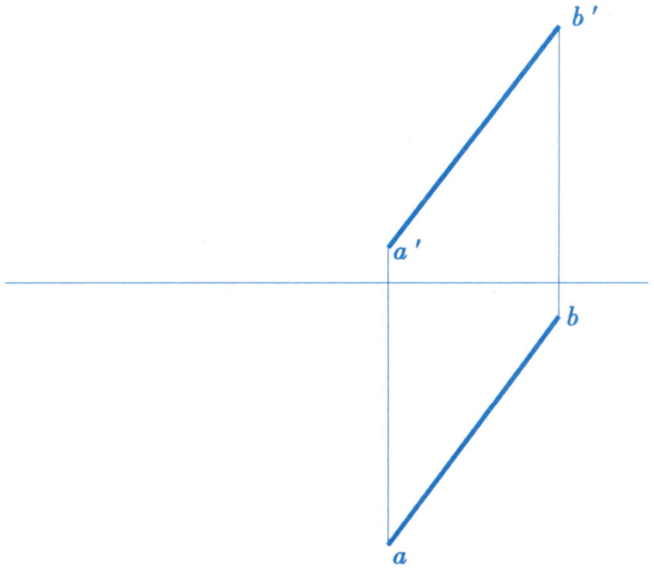

3-40 已知△*ABC* 对 *H* 面的倾角 $\alpha=60°$，试完成其 *V* 面的投影。

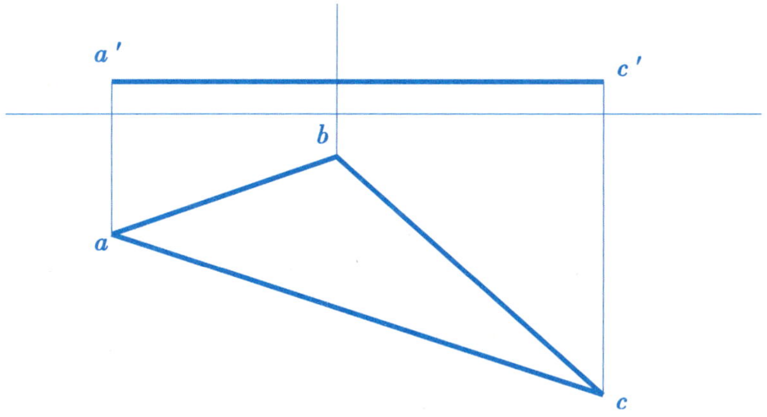

3-41 以 *AB* 为边长作正三角形，使其与 *V* 面成 30°角，本题有几解？

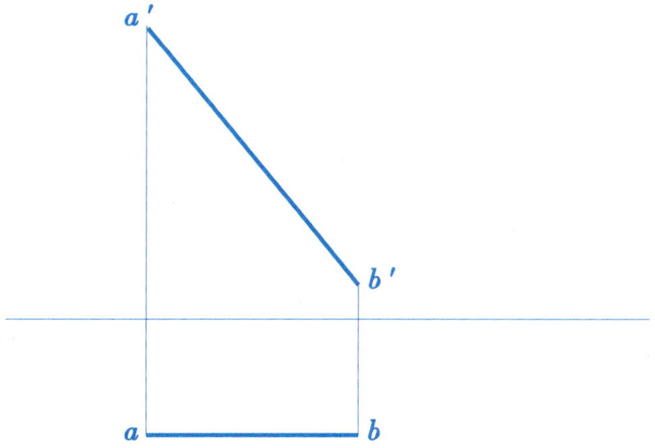

4-1　下列各图中，直线与平面平行的图是＿＿＿＿。

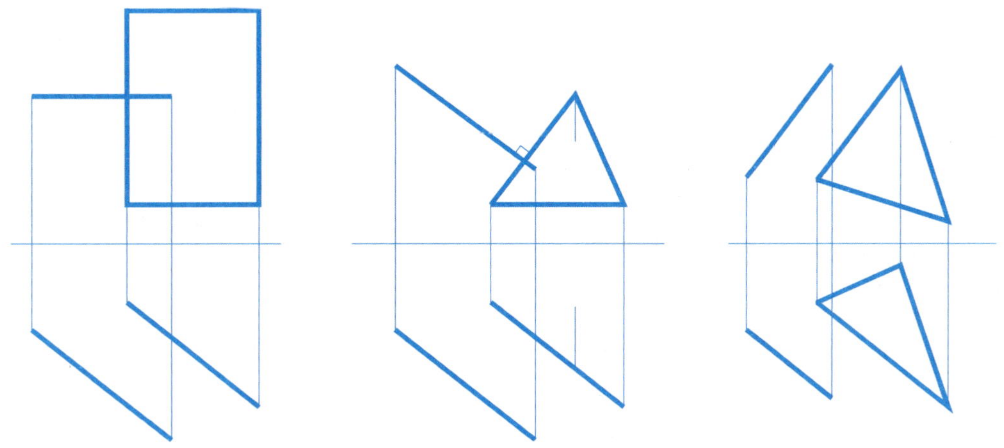

(a)　　(b)　　(c)

4-2　已知直线 $AB // \triangle CDE$，求 ab。

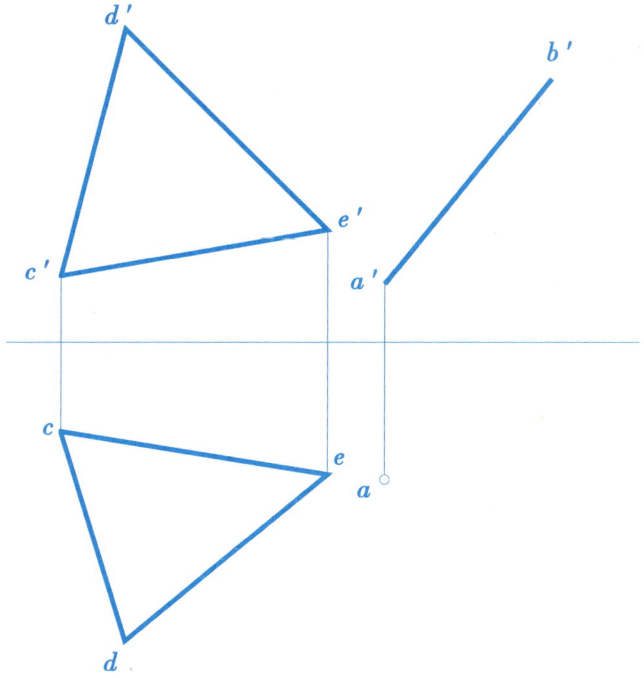

4-3　作图判别直线 KL 是否与 $\triangle ABC$ 平行。

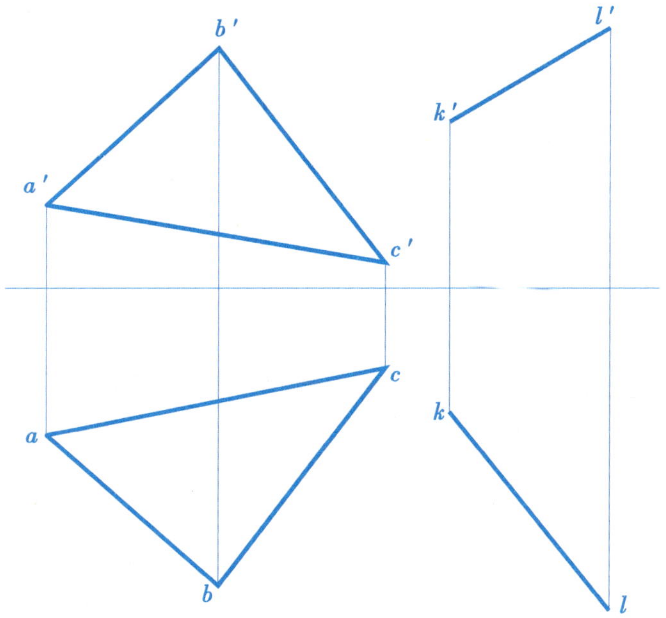

KL 与 $\triangle ABC$ ＿＿＿＿

4-4　以下二题过点 A 作平面 $\triangle ABC$ 平行于平面 P。

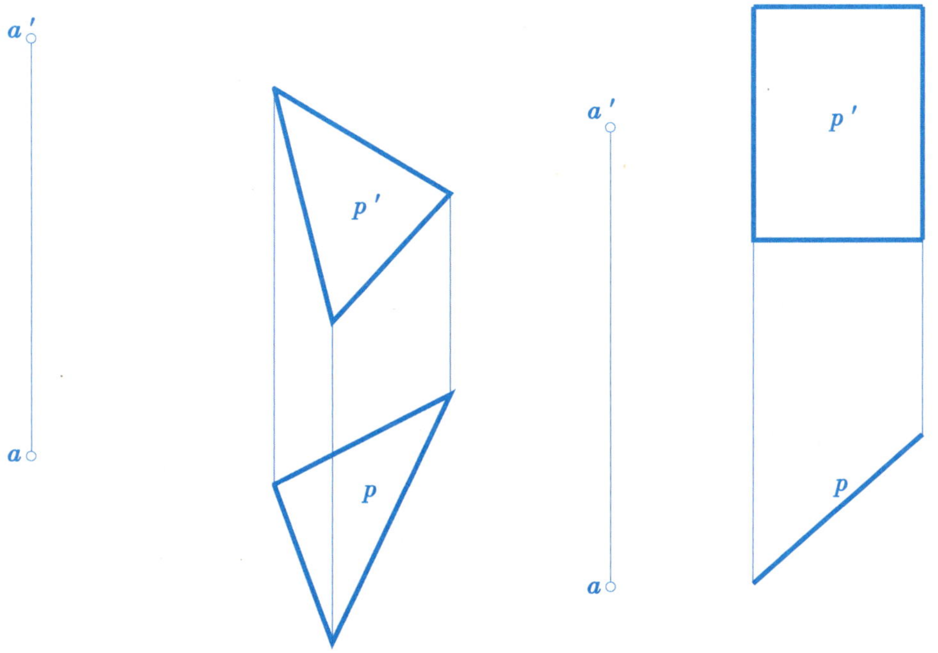

(a)　　(b)

4-5　已知平面 $P // Q$，求 q。

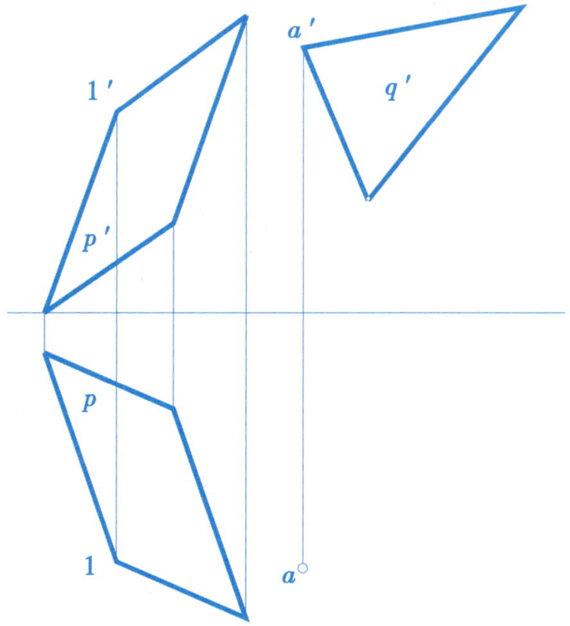

4-6　作图判别二平面是否平行。

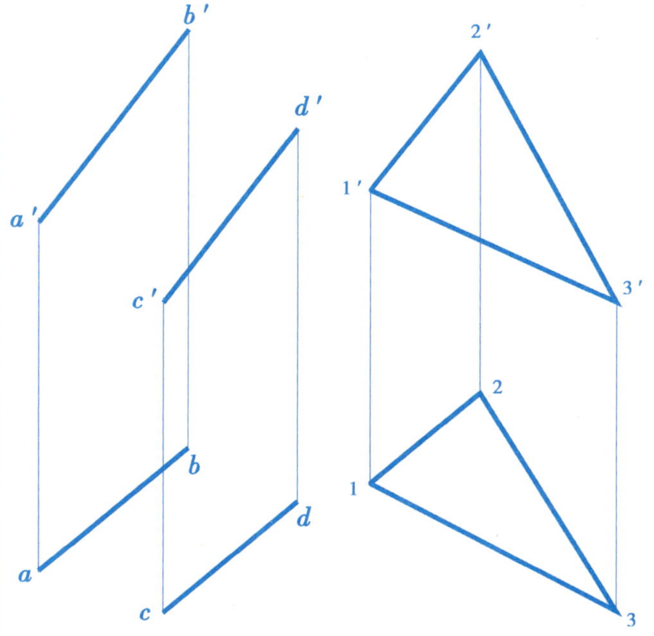

两平面＿＿＿＿

第 4 章　直线与平面、平面与平面的相对位置	专业　　级　　班	姓名		学号		审核		成绩	

4-7 求直线与平面的交点，并判别可见性。

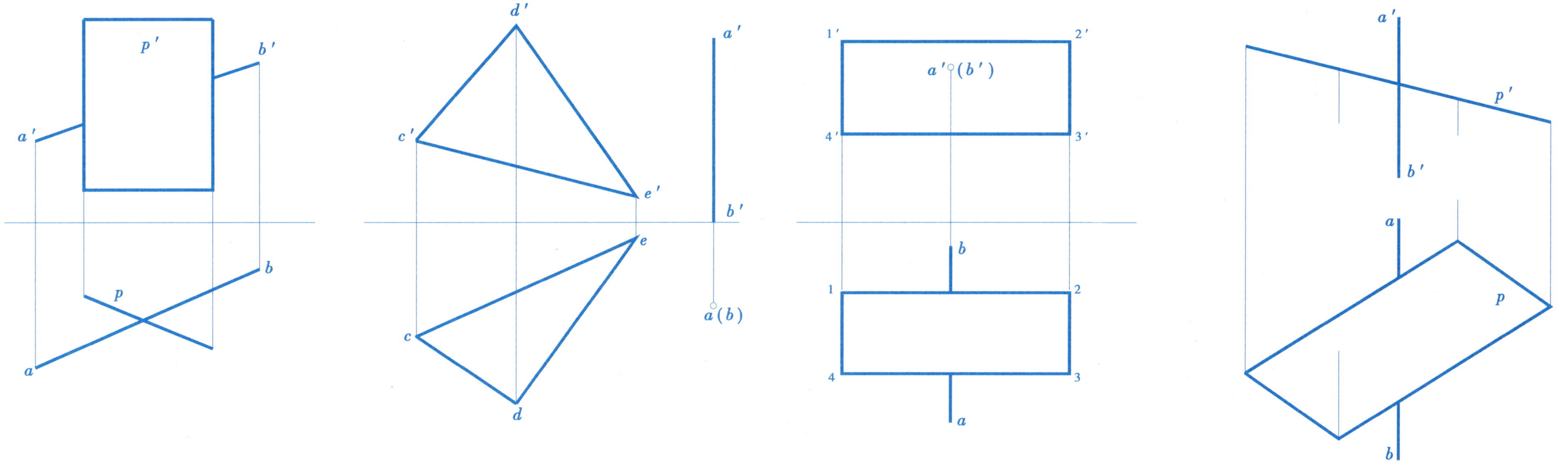

4-8 求两平面的交线，并判别可见性。

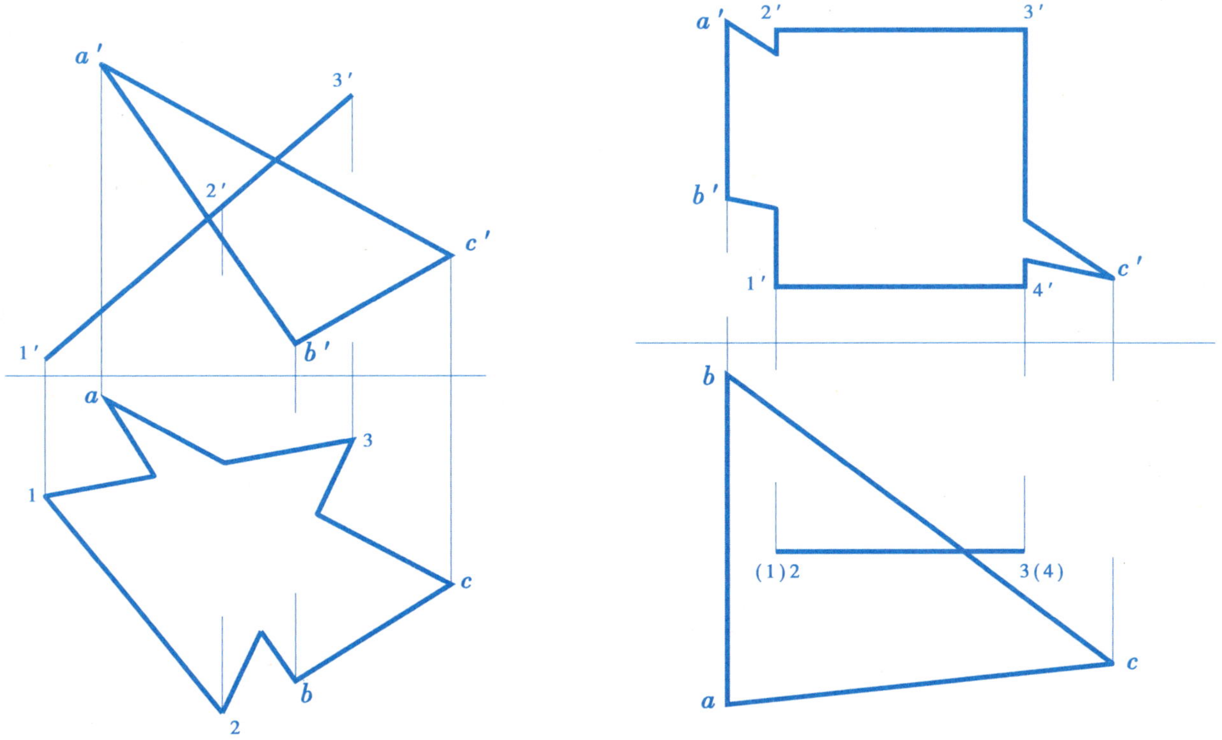

4-9 判断两平面交线是什么位置直线（不必作出两平面的交线）。

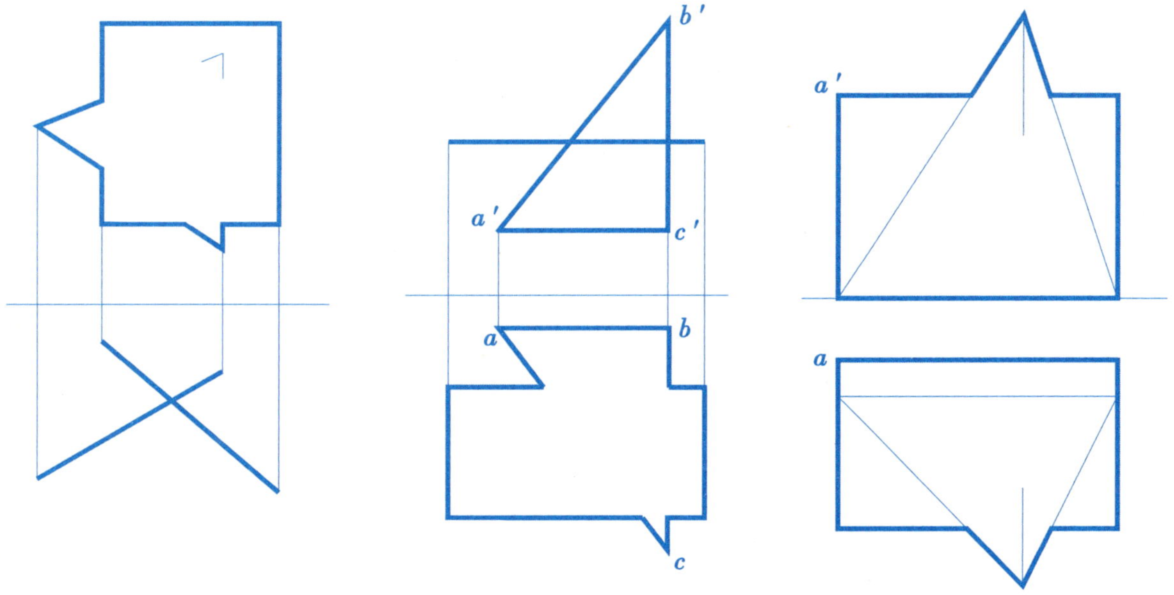

交线是________线　　交线是________线　　交线是________线

4-10　求直线 *MN* 与△*ABC* 的交点，并判别可见性。

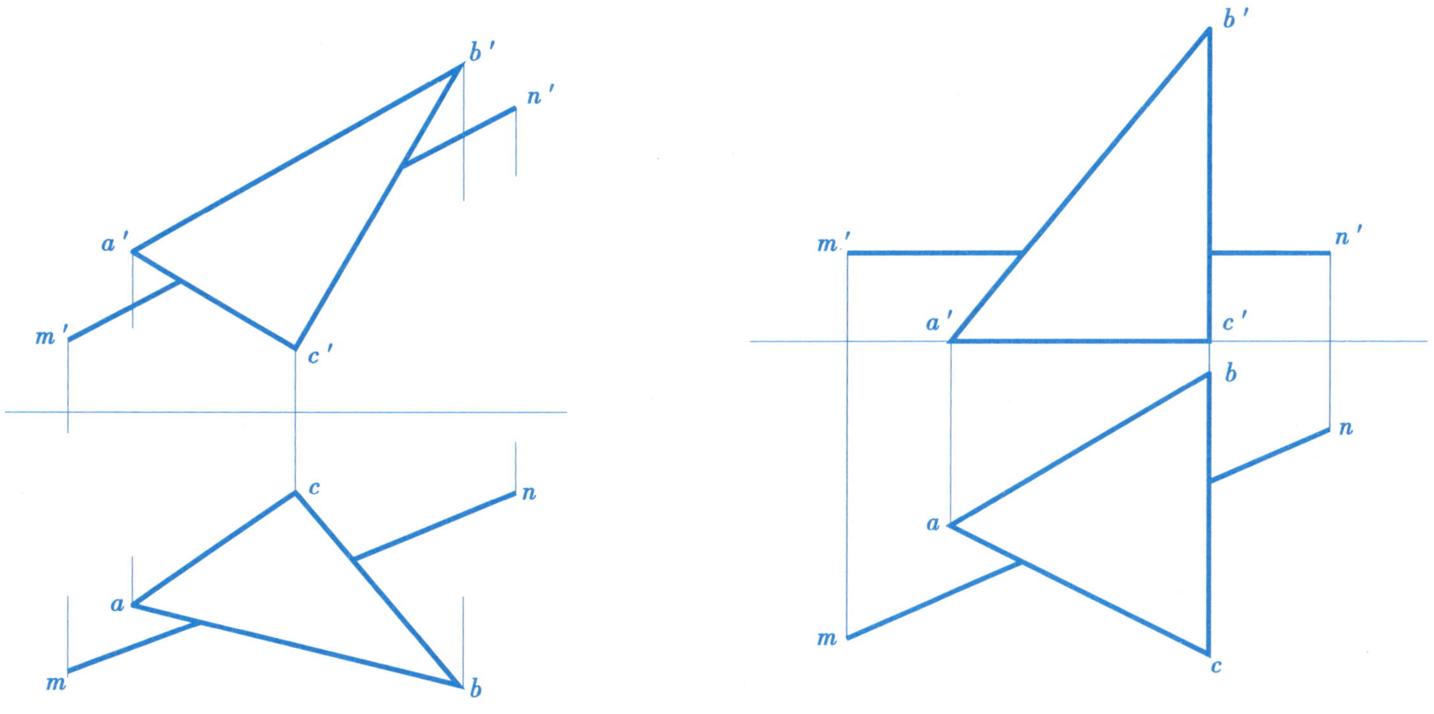

4-11　过 *L* 点作直线 *LK* 同时与 *AB*、*CD* 相交。

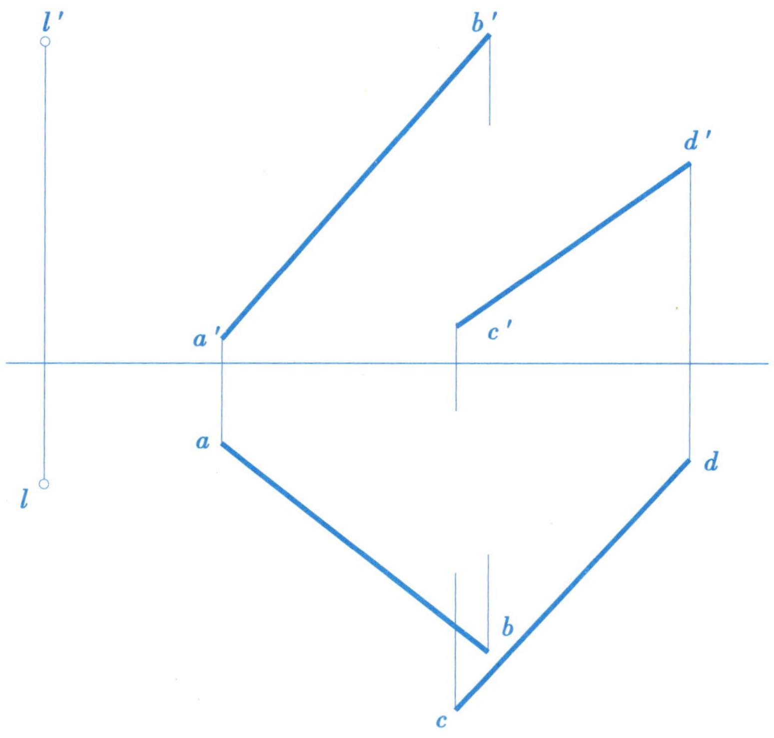

4-12　求二平面的交线，并判别可见性。

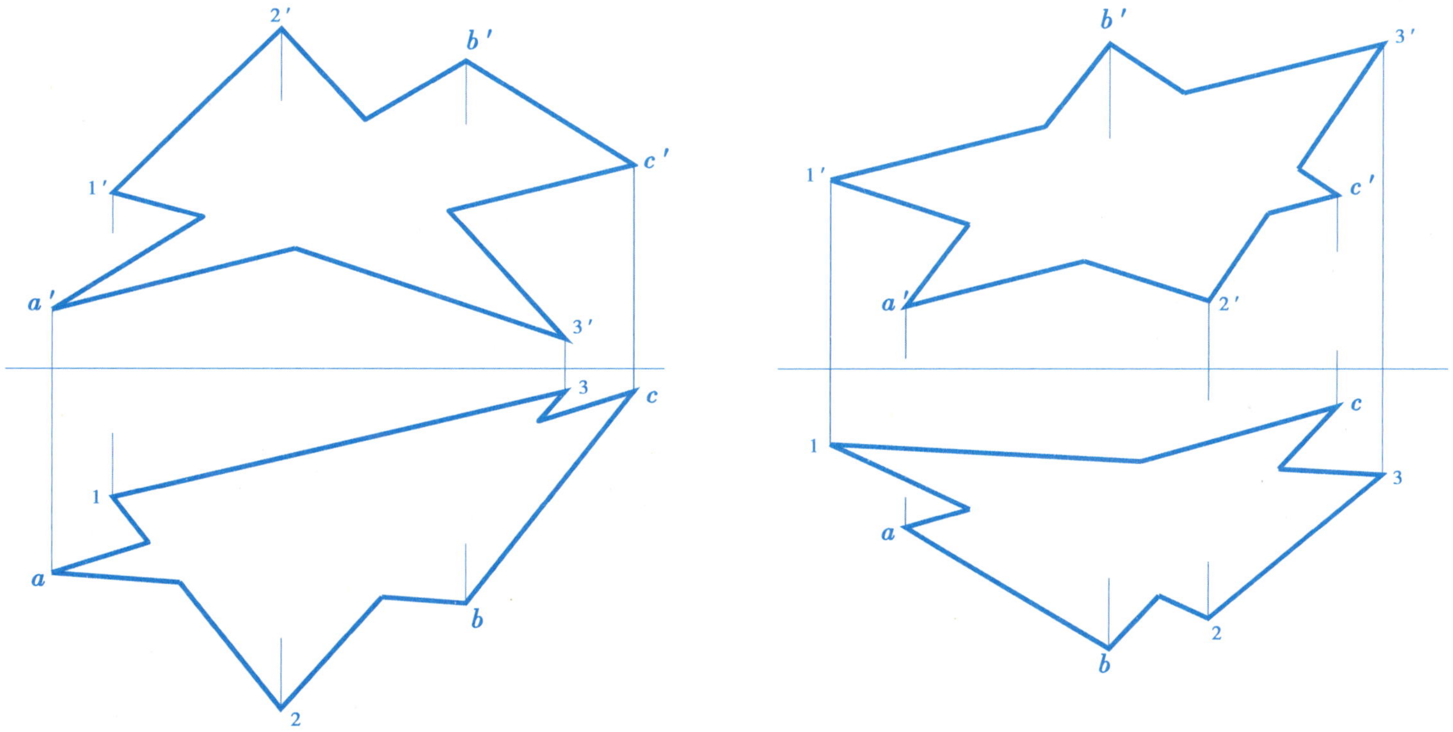

4-13　过 *K* 点作 *KL*∥△*ABC*，且与 *EF* 相交。

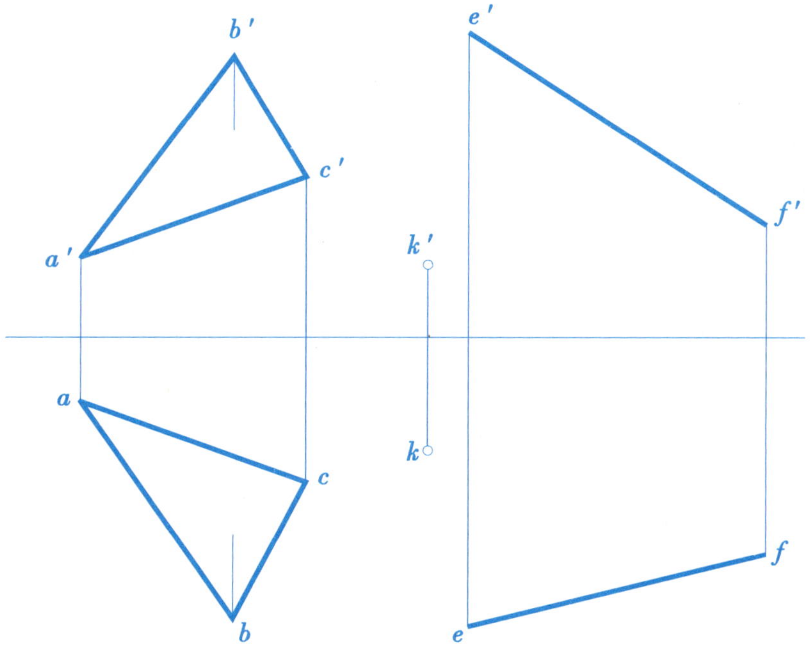

4-14　下列各图中，直线与平面垂直的图是________。

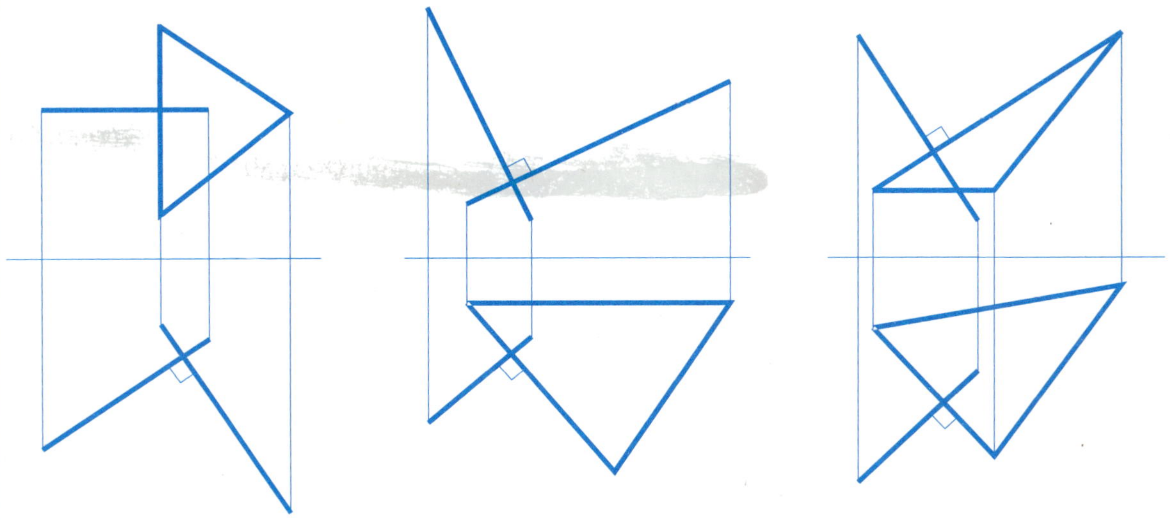

(a)　　(b)　　(c)

4-15　判别已知直线和平面是否垂直。

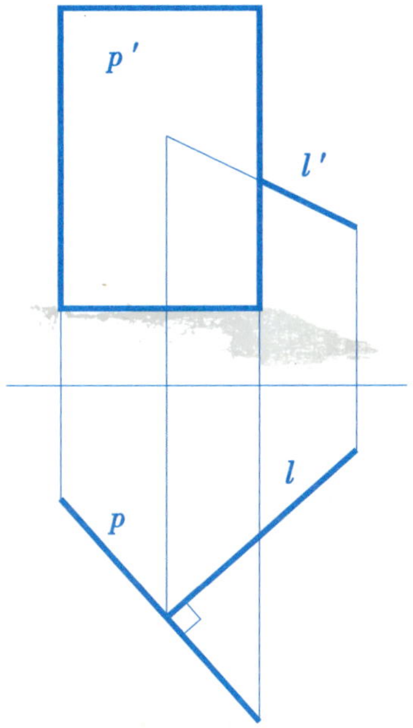

L ________ P

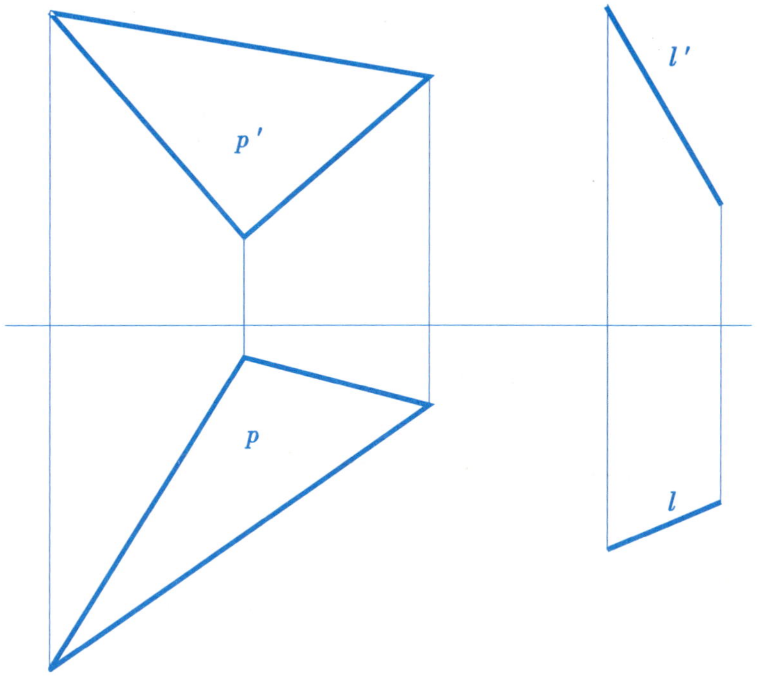

L ________ P

4-16　含已知直线 AB 作平面垂直于已知平面 P。

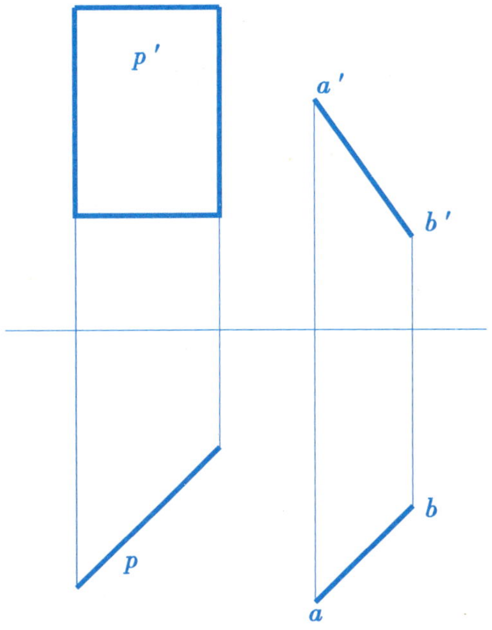

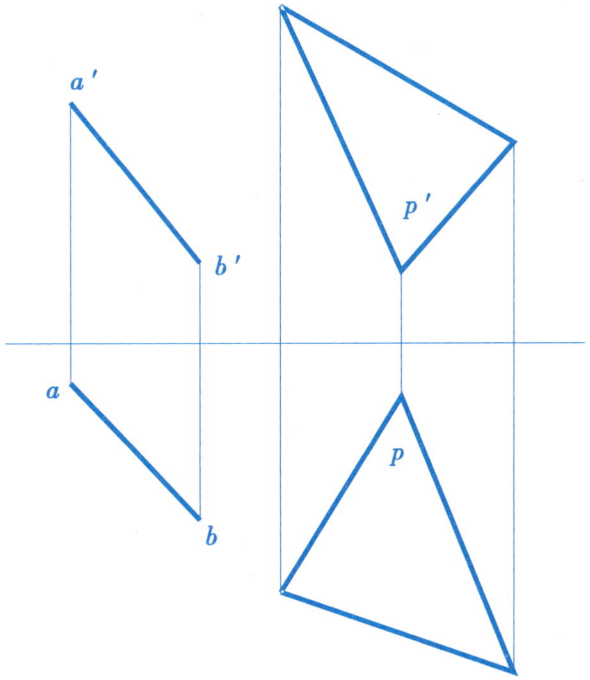

4-17　判别两已知平面是否垂直。

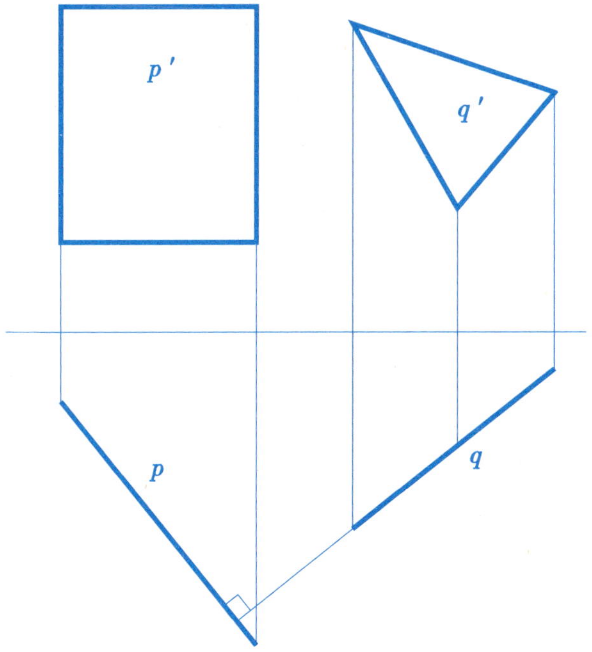

P ________ Q

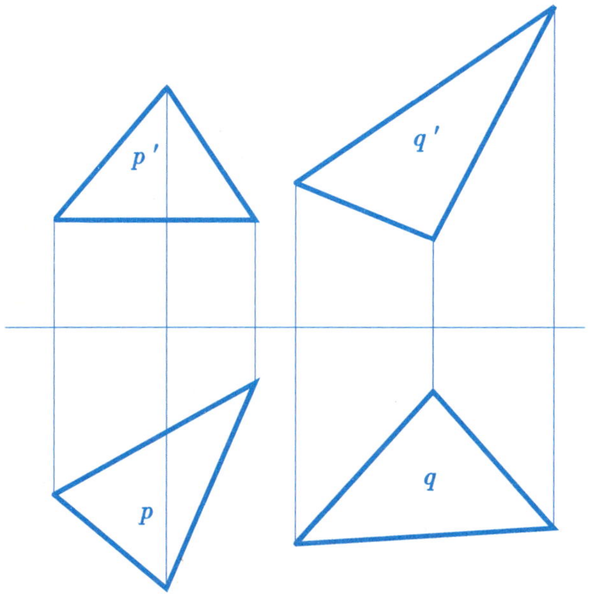

P ________ Q

第 4 章　直线与平面、平面与平面的相对位置	专业　　级　　班	姓名		学号		审核		成绩	

4-18　求点 K 到直线 AB 的真实距离。

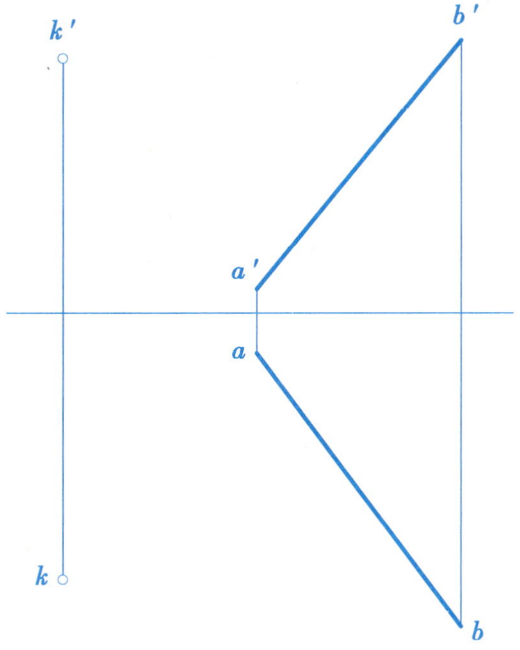

4-19　求点 K 到△ABC 的真实距离。

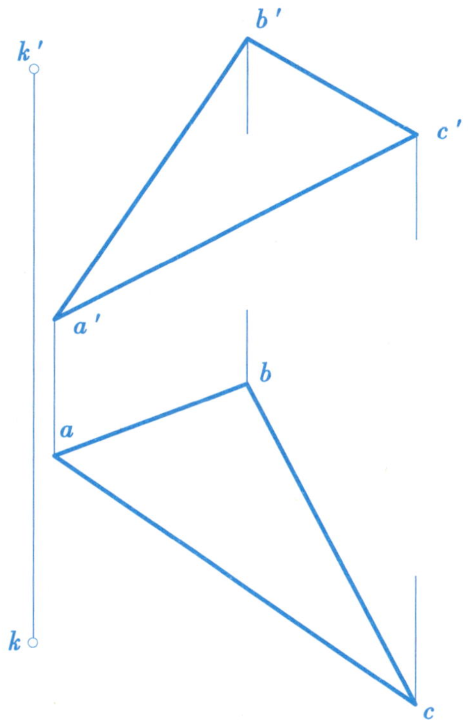

4-20　过点 K 作直线垂直于直线 CD 且与直线 AB 相交。

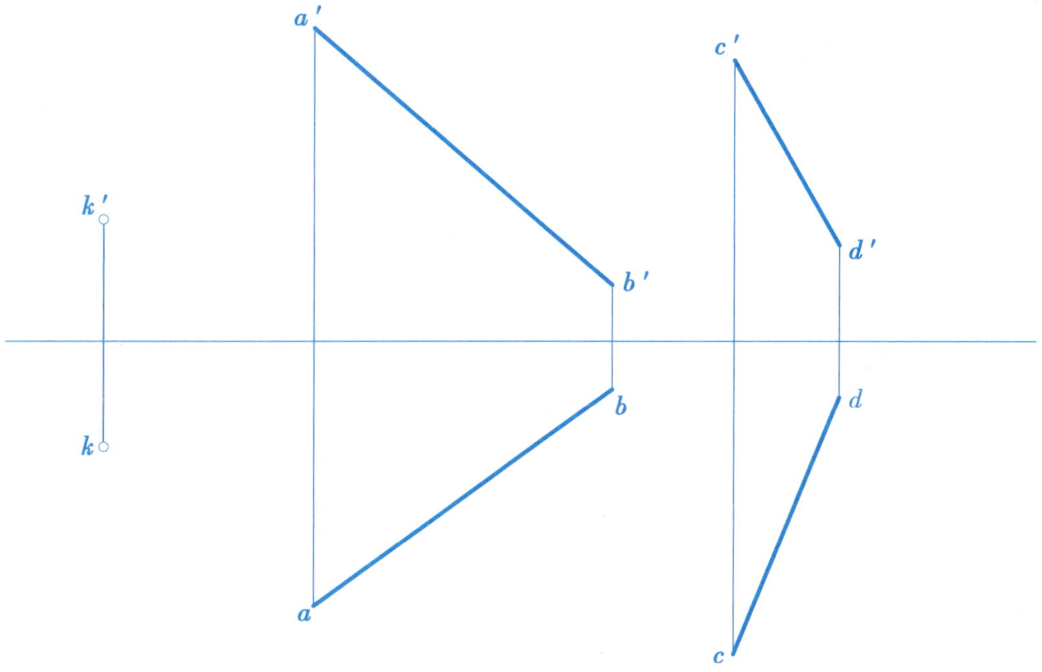

4-21　以 AB 为边，求作一正方形 $ABCD$ 属于△ⅠⅡⅢ。

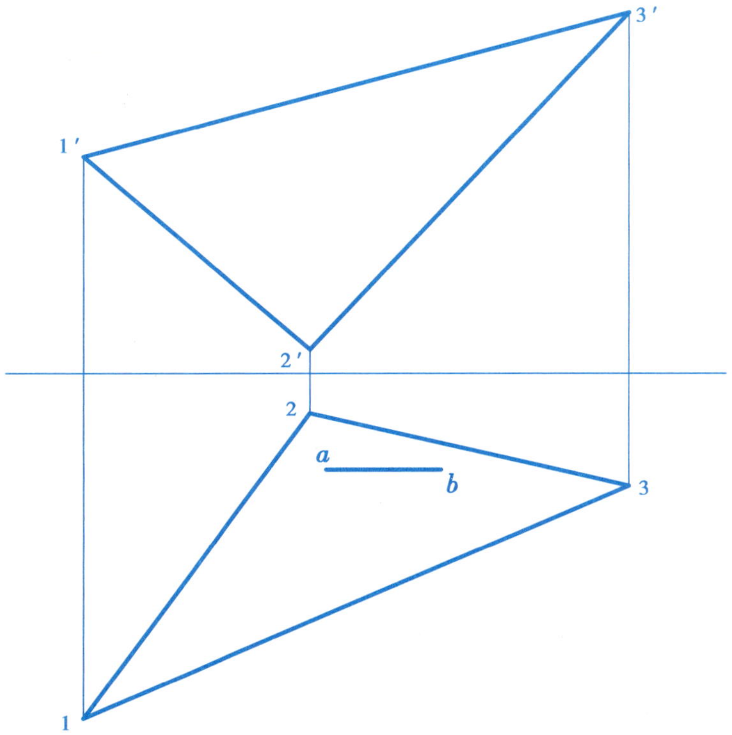

4-22　已知 $AB \perp BC$，求 bc。

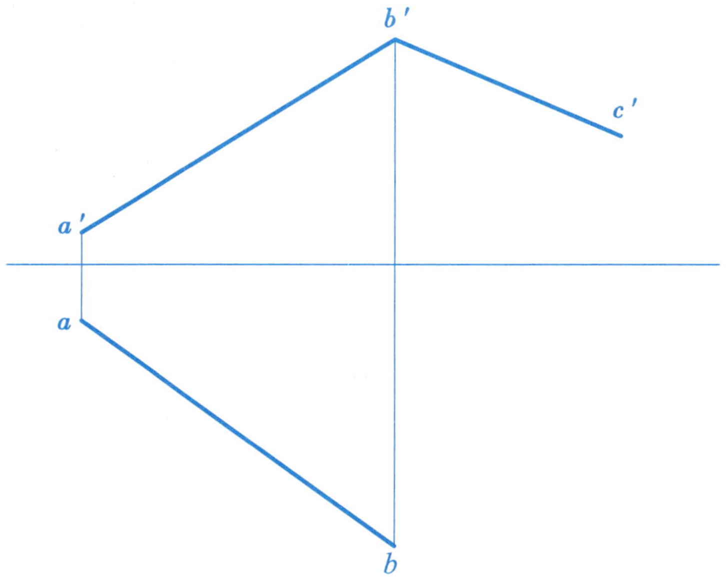

4-23　AC 为菱形 $ABCD$ 的对角线，角点 B 属于直线 EF，试完成菱形的投影。

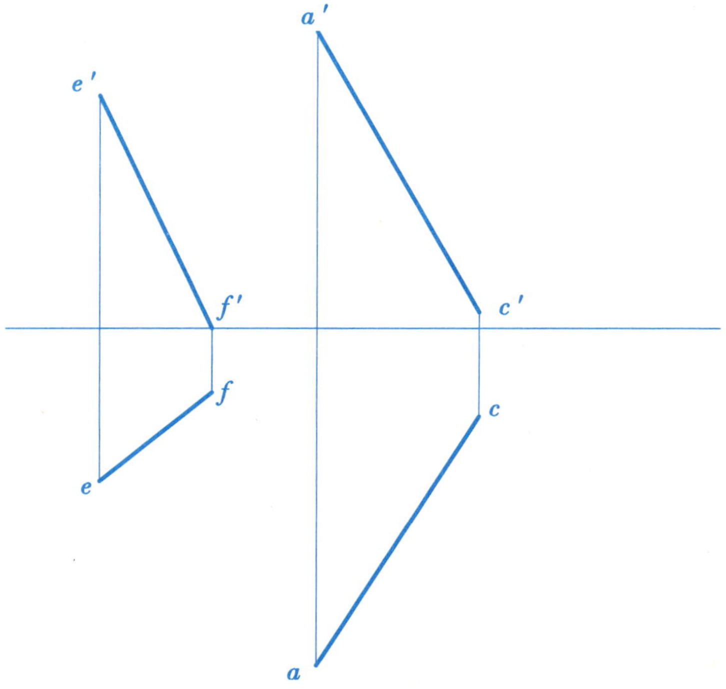

4-24　已知矩形 *ABCD* 的一边 *AB* 的两面投影及其邻边 *BC* 的正面投影，求作该矩形 *ABCD* 的投影。

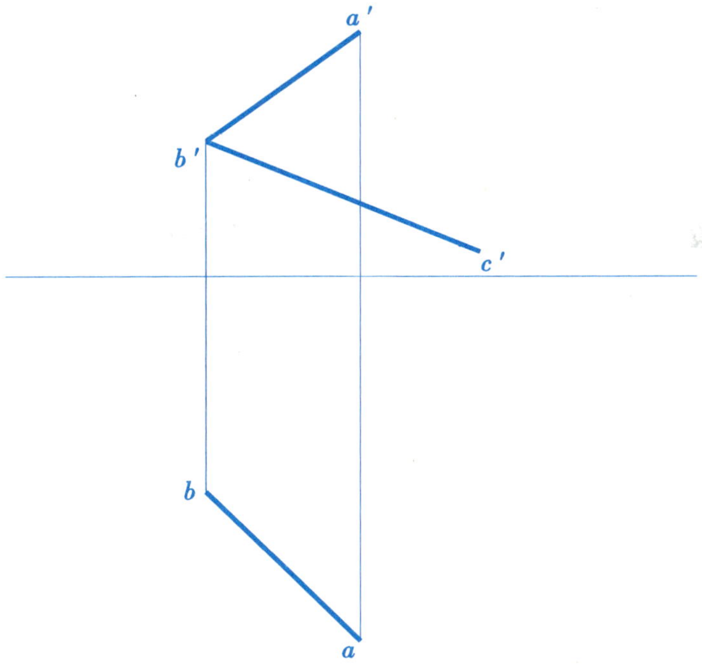

4-25　已知等腰△*ABC* 的底边为 *BC*，高 *AD* = 55 mm，试完成△*ABC* 的 *H* 面投影。

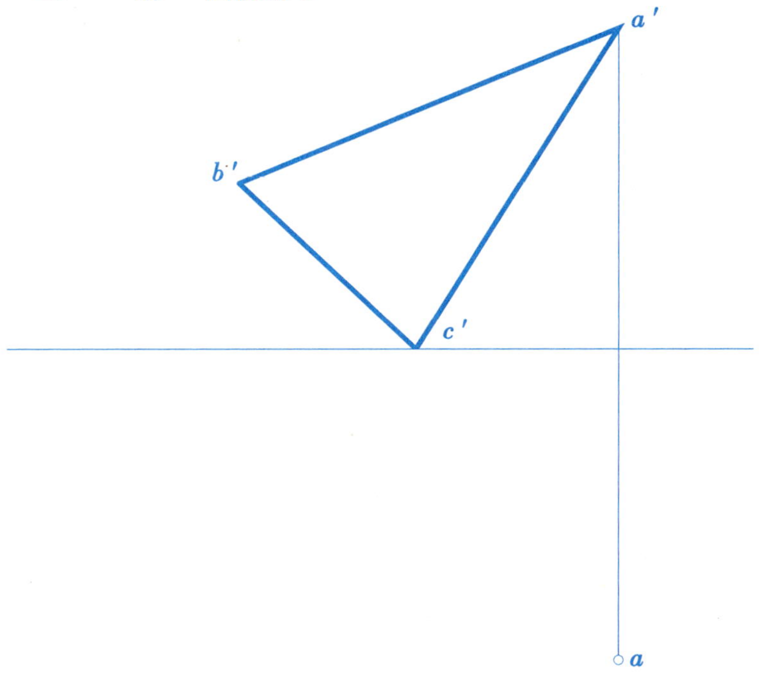

4-26　已知点 *K* 距△*ABC* 为 20 mm，求 *k*。

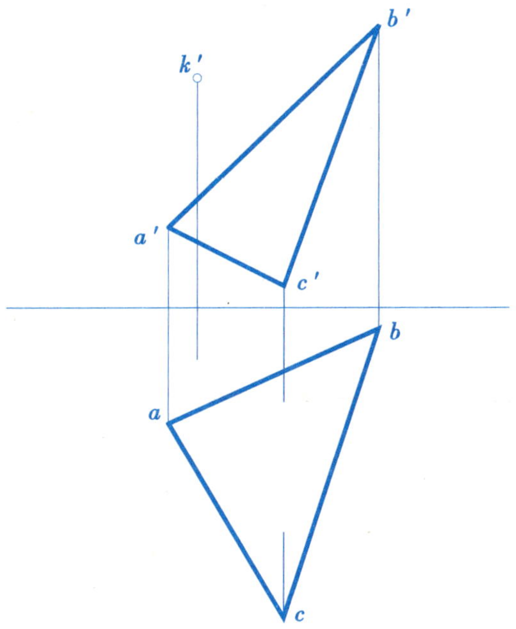

4-27　过点 *K* 作直线 *KL*∥△*ABC* 且与直线 *EF* 相交。

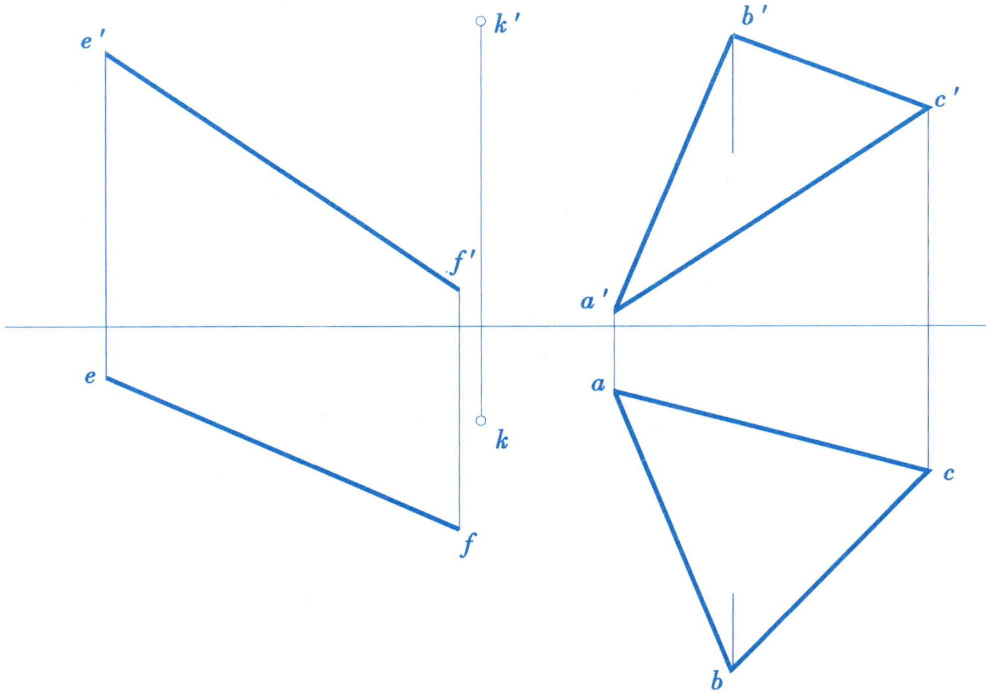

4-28　求直线 *DE* 与△*ABC* 的夹角 *θ*。

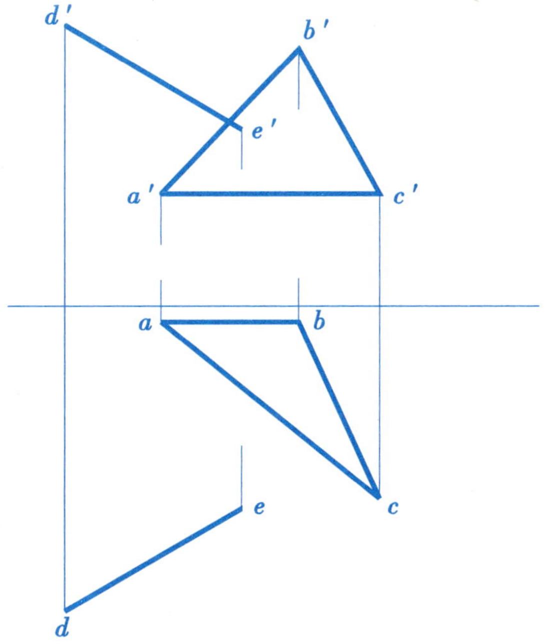

4-29　作菱形 *ABCD*，使 *AB*∥*MN*，点 *A* 属于直线ⅠⅡ，*BC* 属于直线ⅢⅣ，完成其 *H*、*V* 投影。

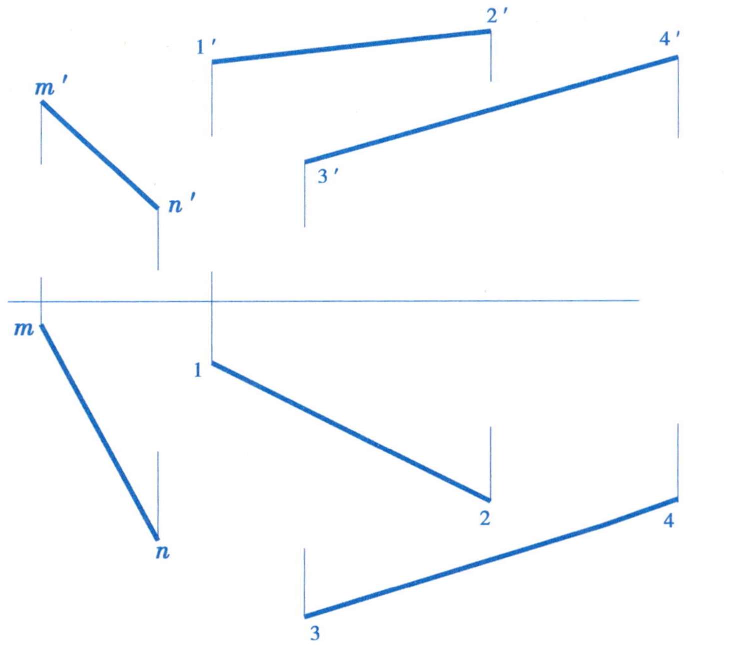

5-1 求线段 AB 的实长及对 H 面的倾角 α、V 面的倾角 β。

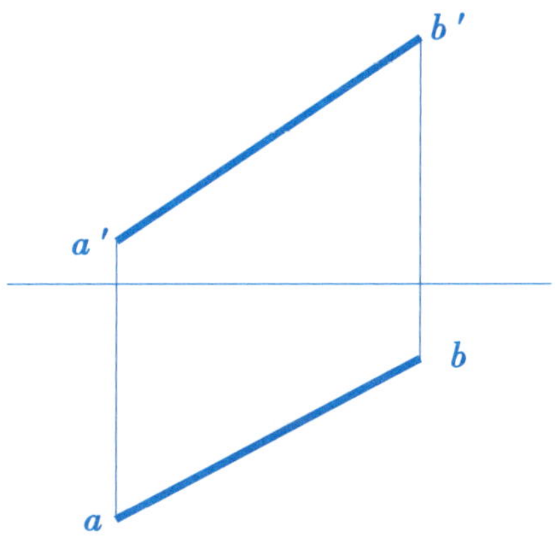

5-2 求△ABC 对 H 面的倾角 α。

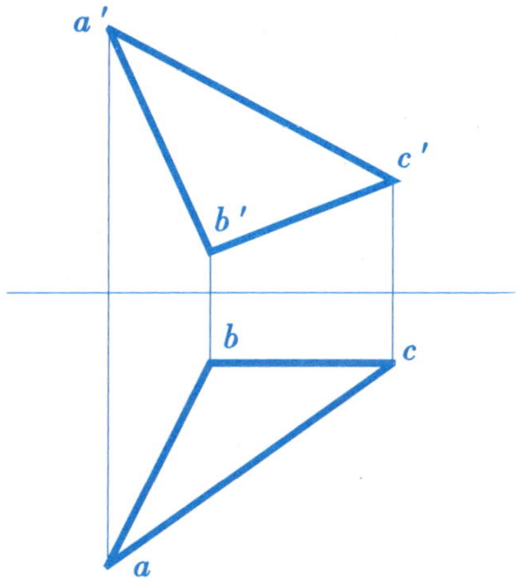

5-3 已知△ABC 与△ABD 的夹角为 90°，其交线为 AB，求△ABD 的水平投影。

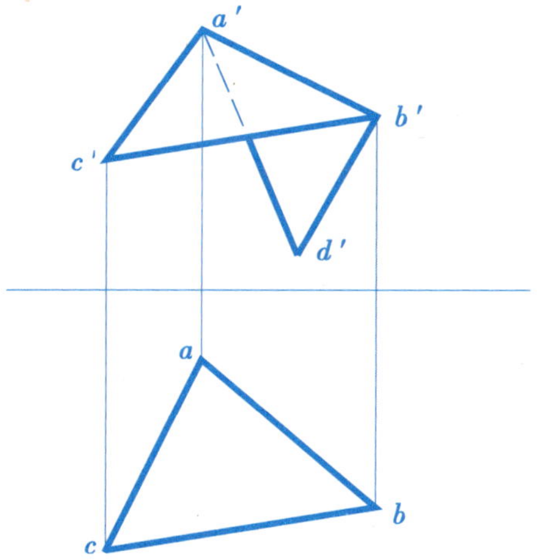

5-4 ∠ABC=30°，求 AB 的正面投影。

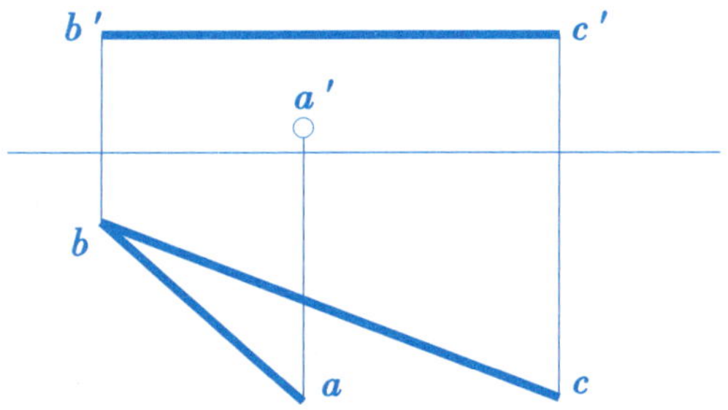

5-5 已知等边△ABC 的一边 BC 属于直线 MN，高 AD=30 mm，且它的 α=60°，求作△ABC 的两面投影。

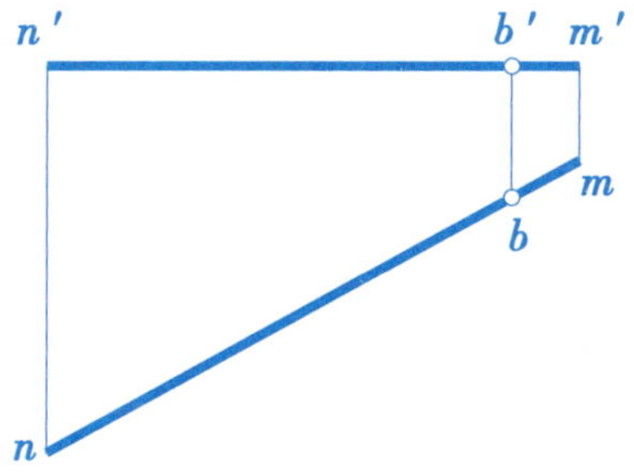

5-6 已知点 K 到直线 AB 的距离为 20 mm，求作 K 的正面投影。

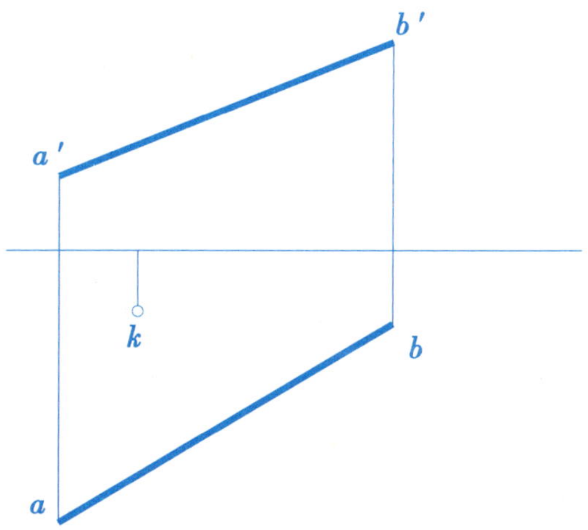

第 5 章 投影变换	专业 级 班	姓名		学号		审核		成绩	

5-7　找属于直线 AB 的点 K,使其距 $\triangle DEF$ 为 10 mm,求 k'、k,并分析有几解。

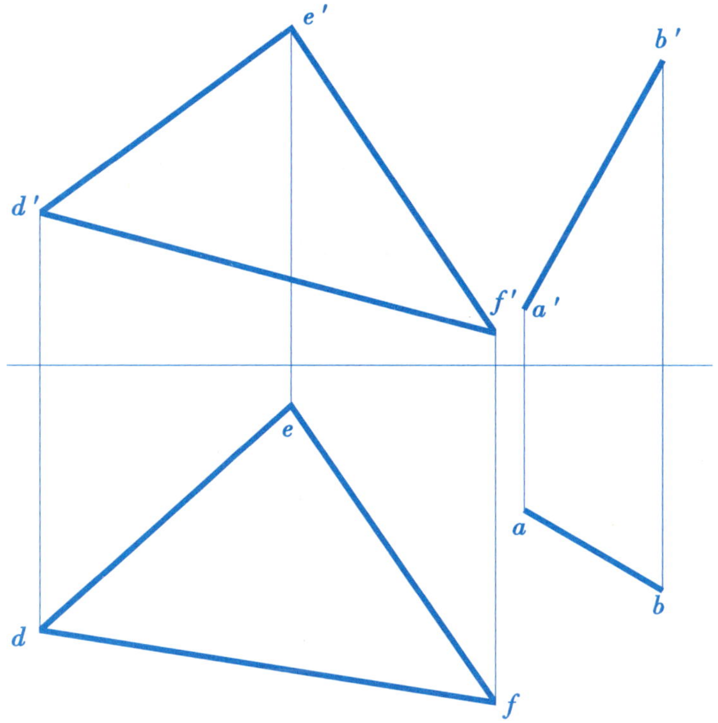

5-8　过点 A 作一正方形 $ABCD$,其边 BC 属于直线 MN,求作正方形的两面投影。

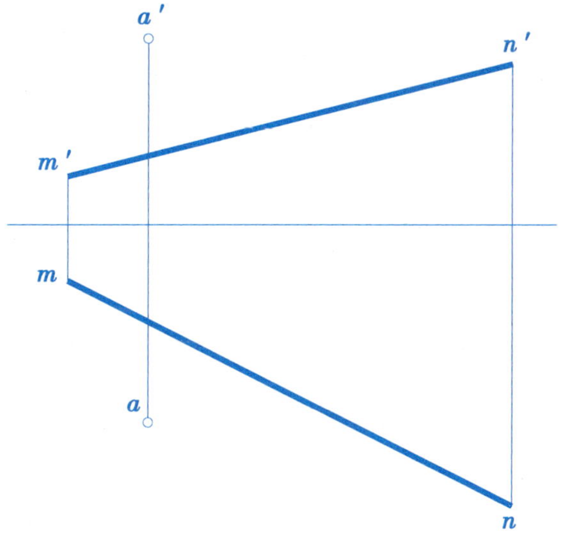

5-9　求交叉二直线 AB 和 CD 的公垂线及其实长。

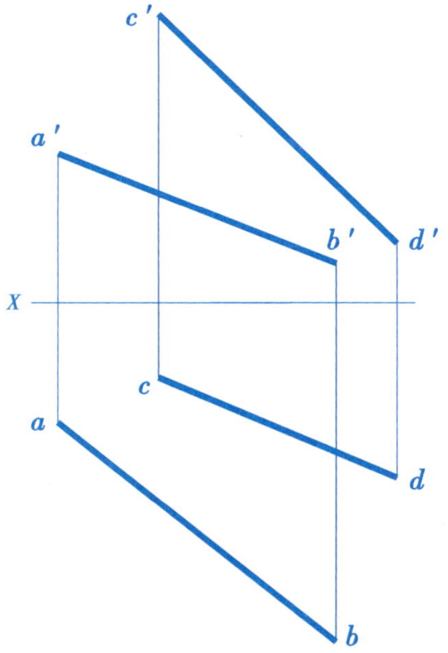

5-10　求 $\triangle ABC$ 绕 AB 轴 90°后的新投影,并分析有几解。

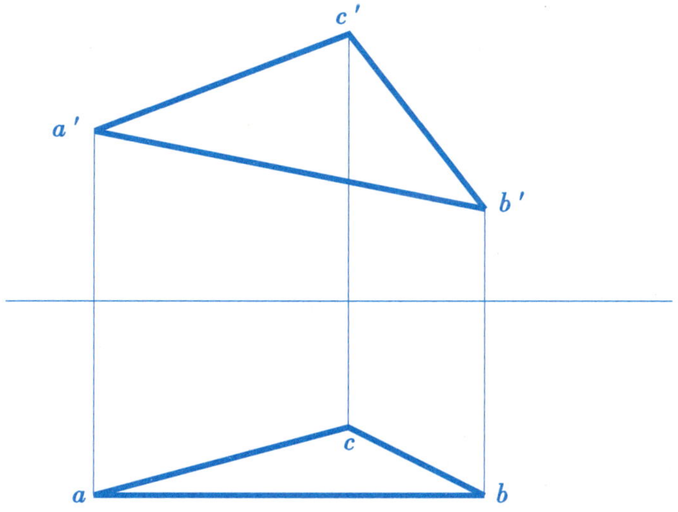

第 5 章　投影变换	专业　　级　　班	姓名		学号		审核		成绩	

5-11 求线段 AB 的实长及 V 面的倾角 β。

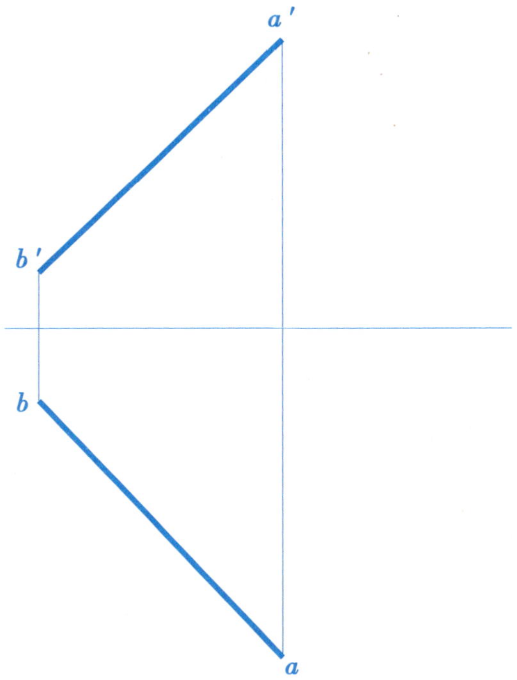

5-12 求△ABC 的实形及 H 面的倾角 α。

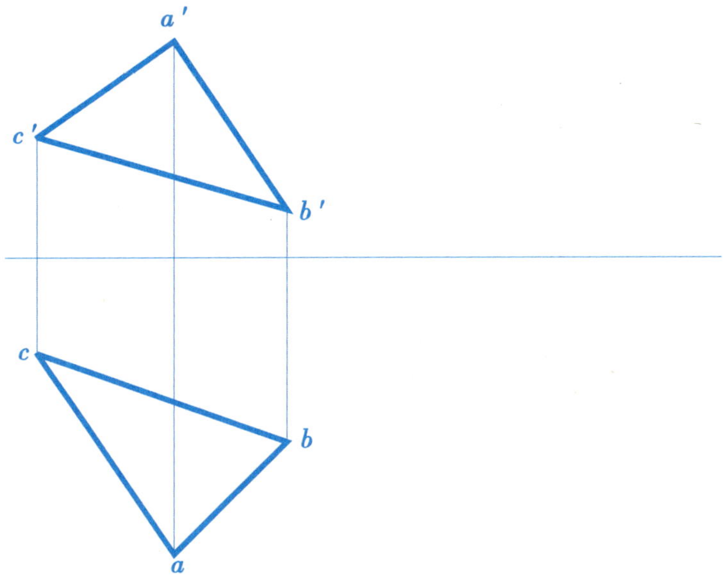

5-13 求△ABC 与△ABE 的夹角的真实大小。

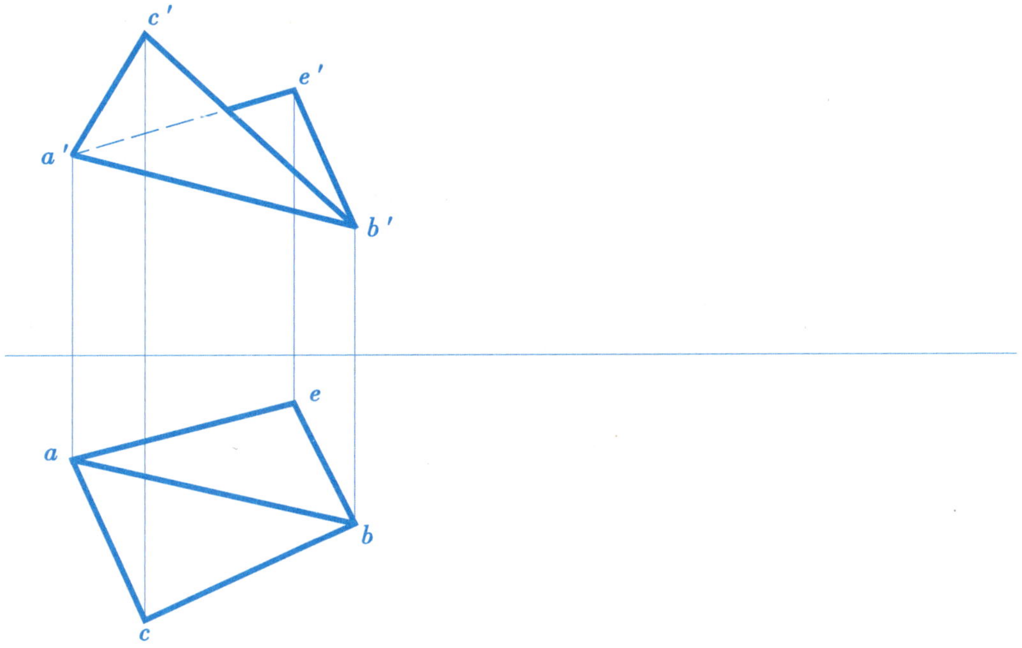

5-14 求平行二直线的距离。

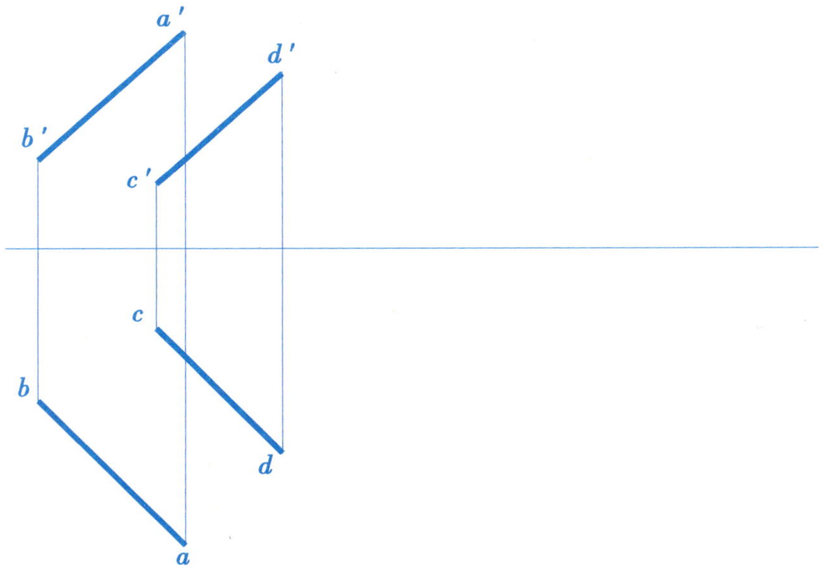

5-15 求点 D 到△ABC 的距离及其垂足。

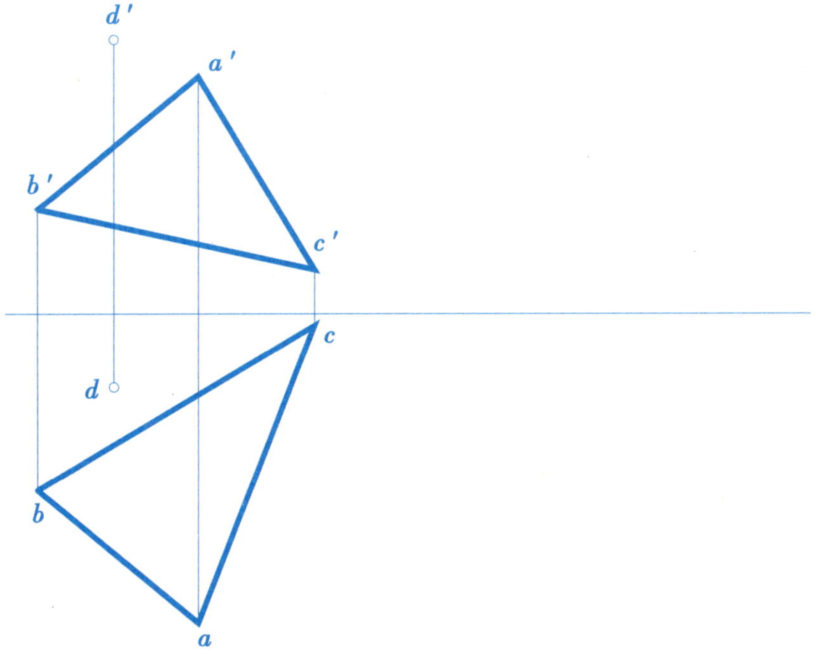

5-16 绕过点 A 的铅垂轴把点 D 旋转到△ABC 上，求点 D 新位置的投影。

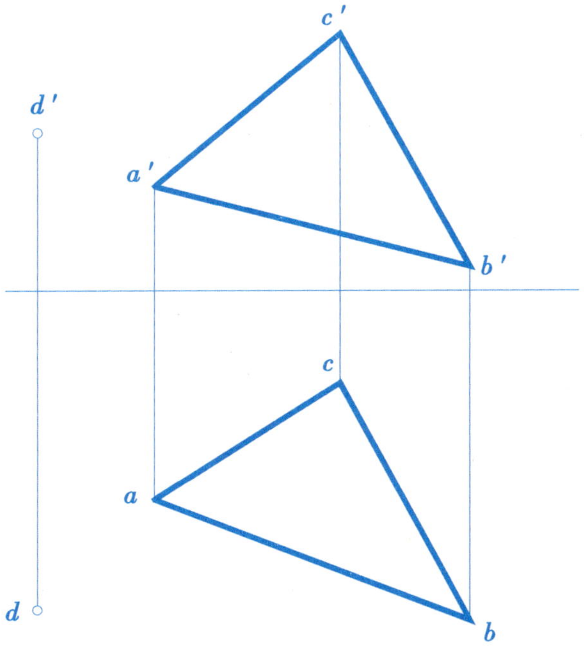

第 5 章　投影变换	专业　　级　　班	姓名		学号		审核		成绩	

6-1 已知直三棱柱下底面的 V、H 投影，柱高为 45 mm，试完成三棱柱的三面投影。

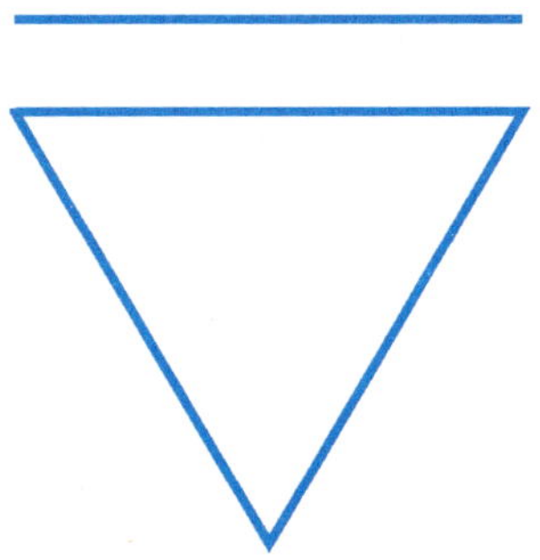

6-2 已知五棱柱的 V、H 投影，求 W 投影，并分析和填写指定棱线、表面的空间位置。

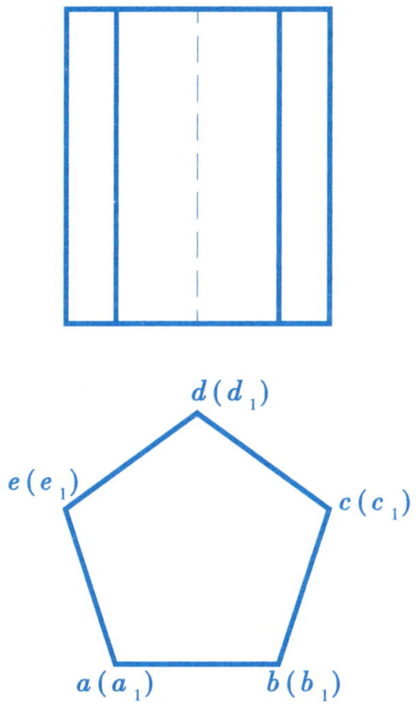

AA_1——铅垂线

AB——

CD——

EE_1——

AA_1B_1B——正平面

AA_1E_1E——

CC_1D_1D——

$ABCDE$——

6-3 已知三棱柱的 V、W 投影，求 H 投影，并补全表面上的点 A、B、C 的投影。

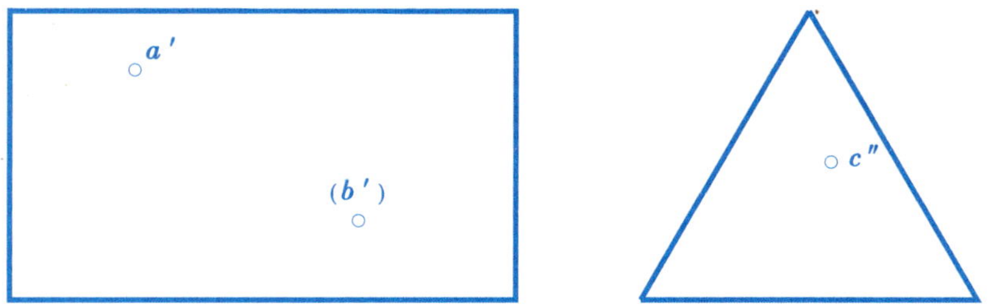

6-4 已知铅垂直四棱柱的 V、H 投影，完成棱柱的 W 面投影，并补全表面上点的投影。

6-5 已知六棱柱的 V、H 投影，完成棱柱的 W 面投影，并补全表面上点的投影。

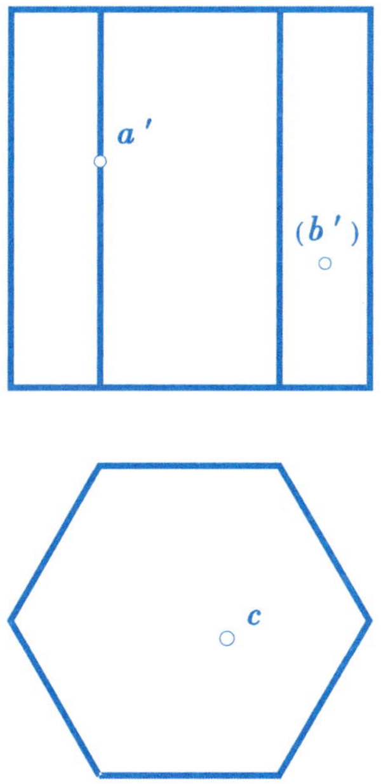

6-6 已知斜三棱柱的 V、H 投影及 A、B、C 的一个投影，试补全三棱柱的 W 投影及其表面点的三面投影。

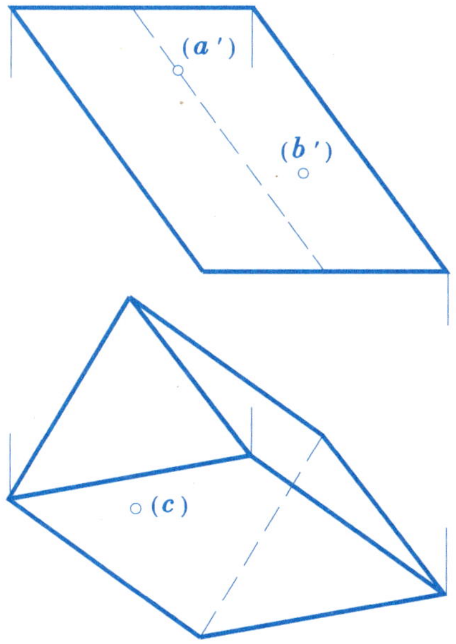

6-7　已知正三棱锥高为 40 mm，其余条件如图，补全三棱锥的三面投影。

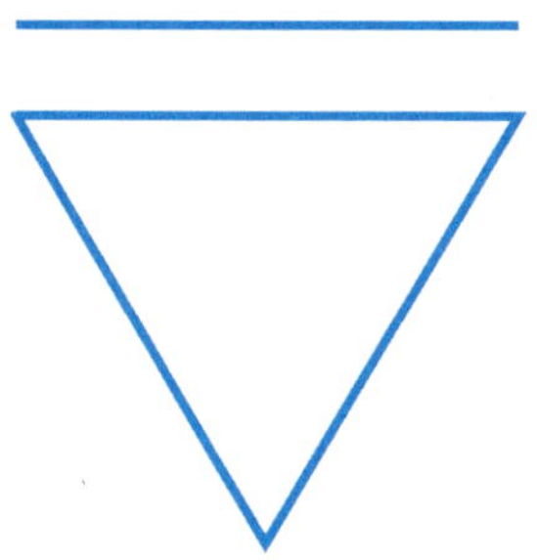

6-8　已知五棱锥的 V、H 投影，求 W 投影并标全另两个投影中的棱线及顶点，分析和填写指定棱线、表面的空间位置。

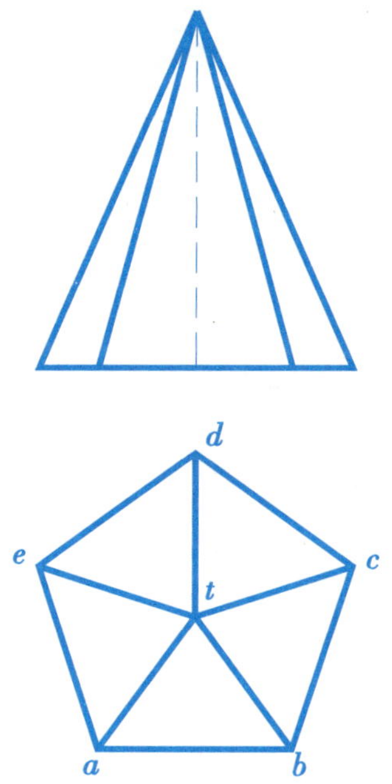

AB——侧垂线

TD——

TB——

TAB——

TDC——

ABCDE——

6-9　已知正四棱锥的 V、H 投影，完成该棱锥的 W 投影，并补全表面上点的投影。

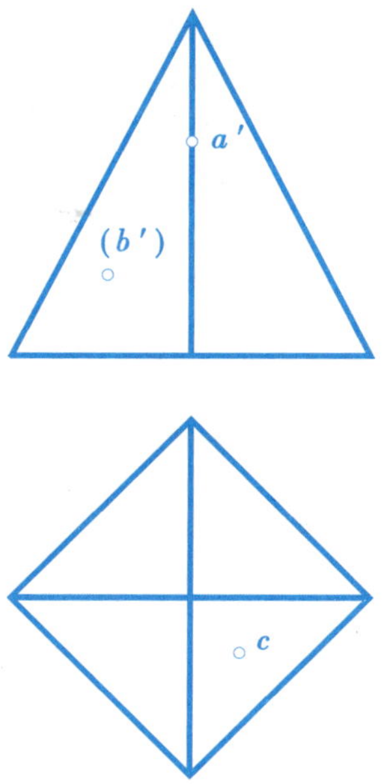

6-10　已知正五棱锥的 V、W 投影，完成该棱锥的 H 投影，并补全表面上点的投影。

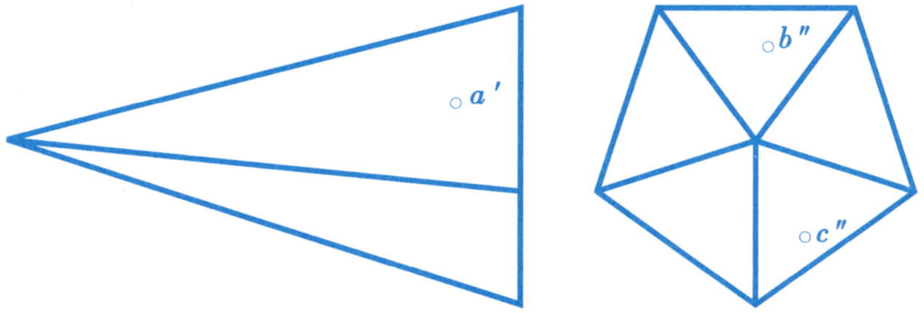

6-11　已知正六棱锥的 H、W 投影，完成该棱锥的 V 面投影，并补全表面上点的投影。

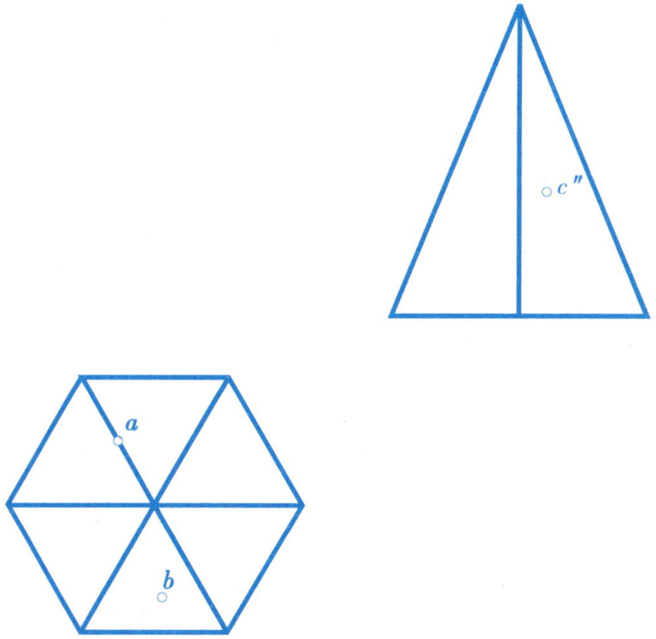

6-12　已知斜三棱锥的 V、H 投影，完成该棱锥的 W 面投影，并补全表面上点的投影。

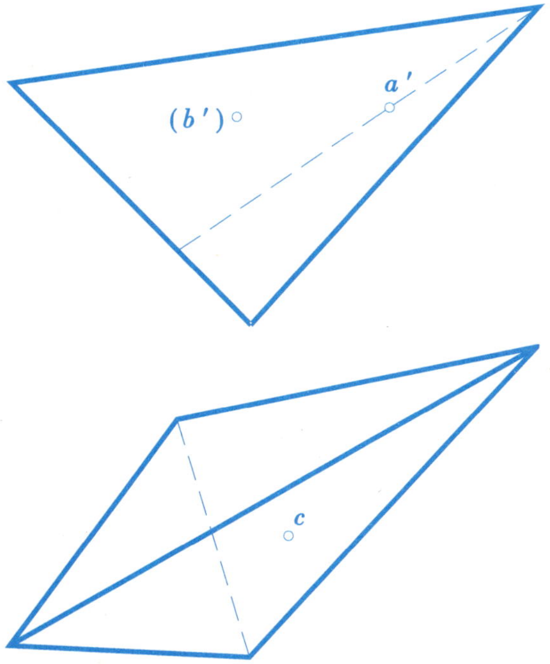

第 6 章　平面立体的投影	专业　　级　班	姓名		学号		审核		成绩	

6-13　已知三棱锥被截割后的 V 面投影，补全 H、W 面投影。

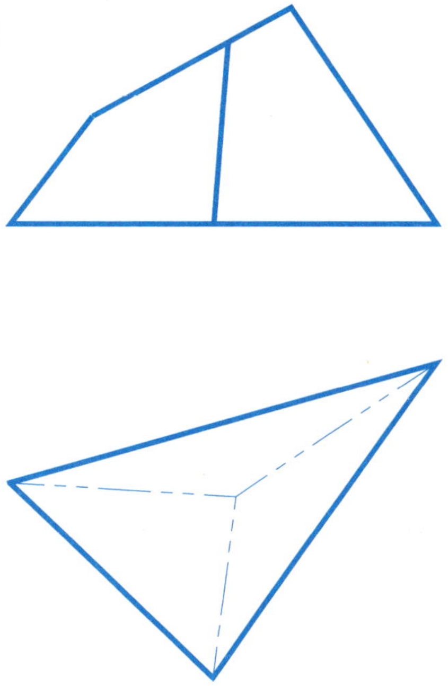

6-14　已知正三棱锥被截割后的 V 面投影，补全 H、W 面投影。

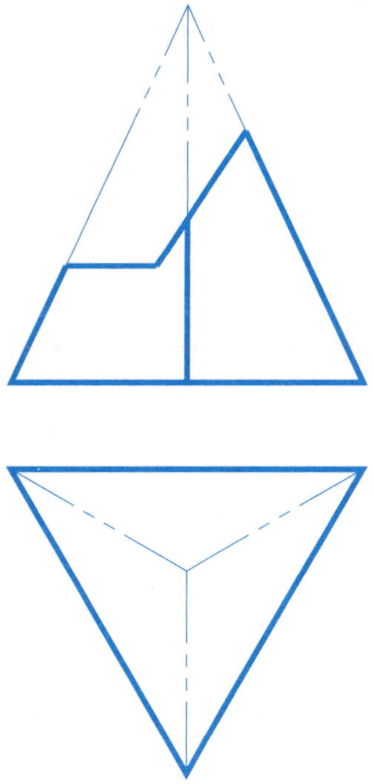

6-15　已知正六棱锥被截割后的 W 面投影，补全 H、V 面投影。

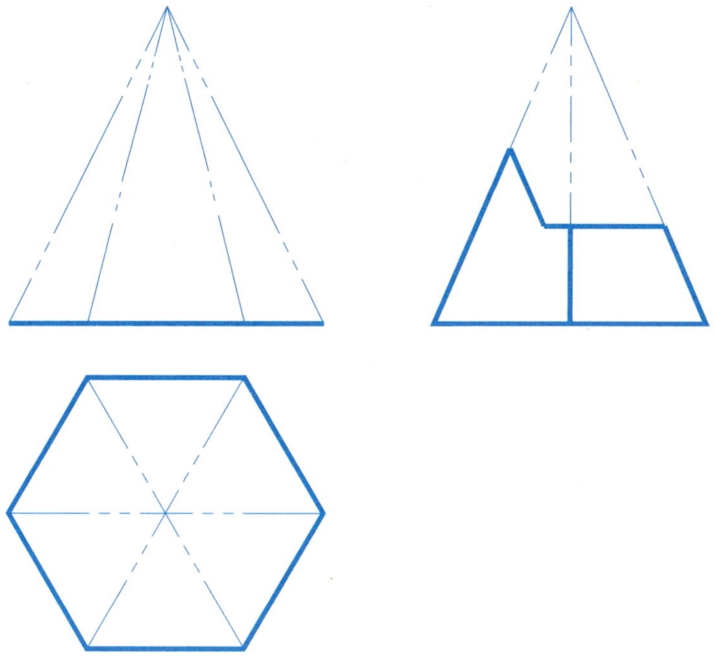

6-16　已知四棱柱被截割后的 V、W 投影，求 H 面投影。

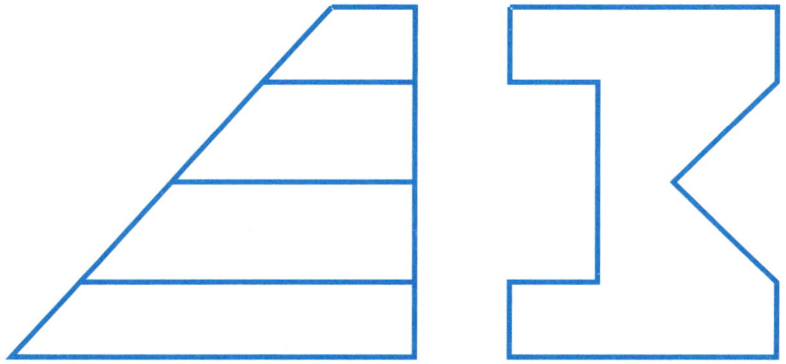

6-17　完成带缺口三棱柱的 H、W 面投影。

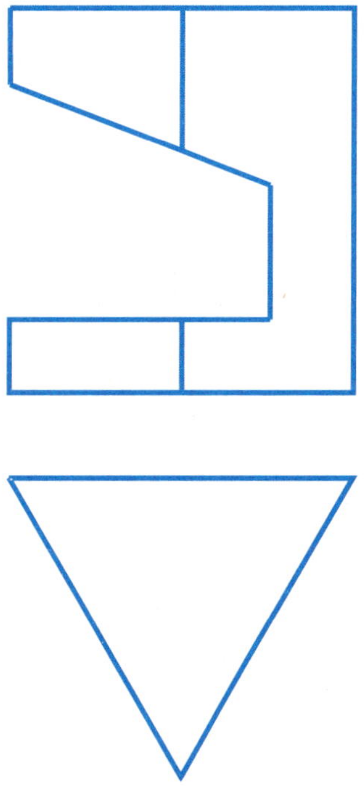

6-18　补全五棱柱被截割后的 H、V 面投影。

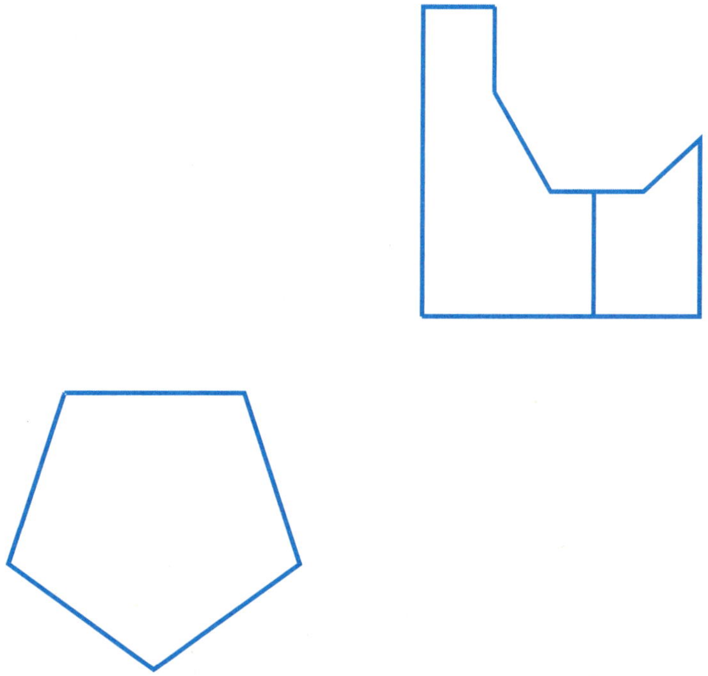

专业　级　班	姓名		学号		审核		成绩	

6-19　补全四棱台被截割后的 H、W 面投影，并求截面实形。

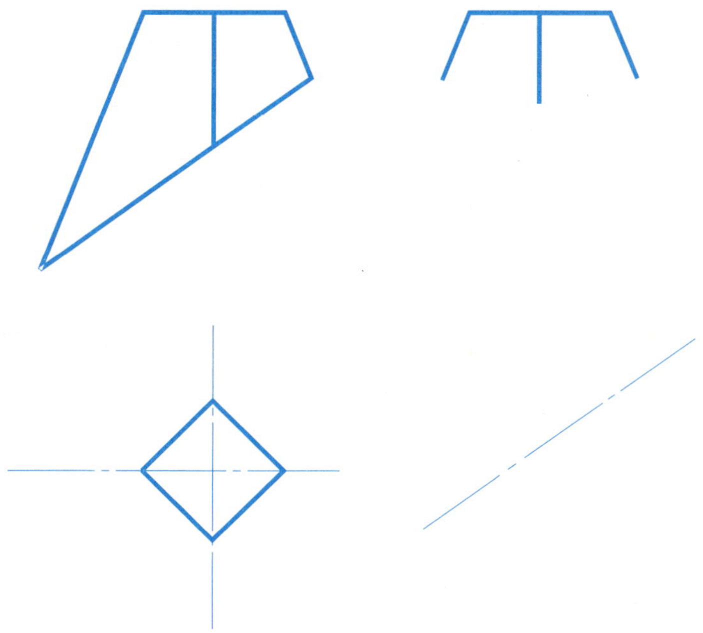

6-20　求带缺口正四棱台的 H 面投影。

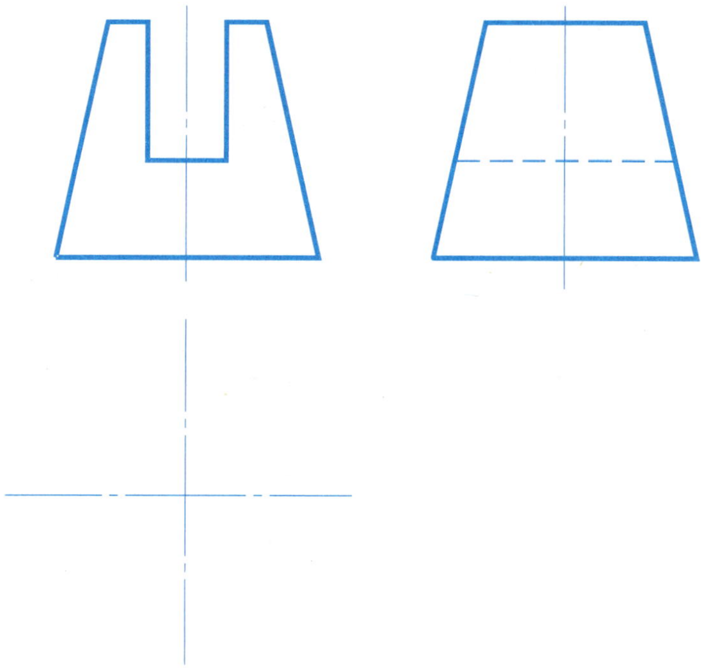

6-21　求直线 AB 与三棱锥的贯穿点，并判别可见性。

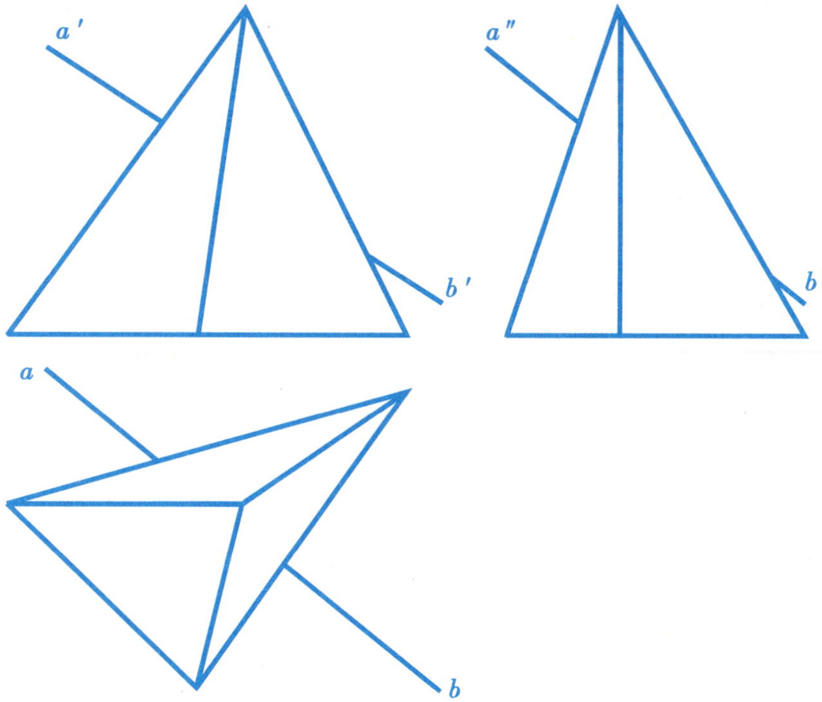

6-22　求直线 AB 与四棱柱的贯穿点，并判别可见性。

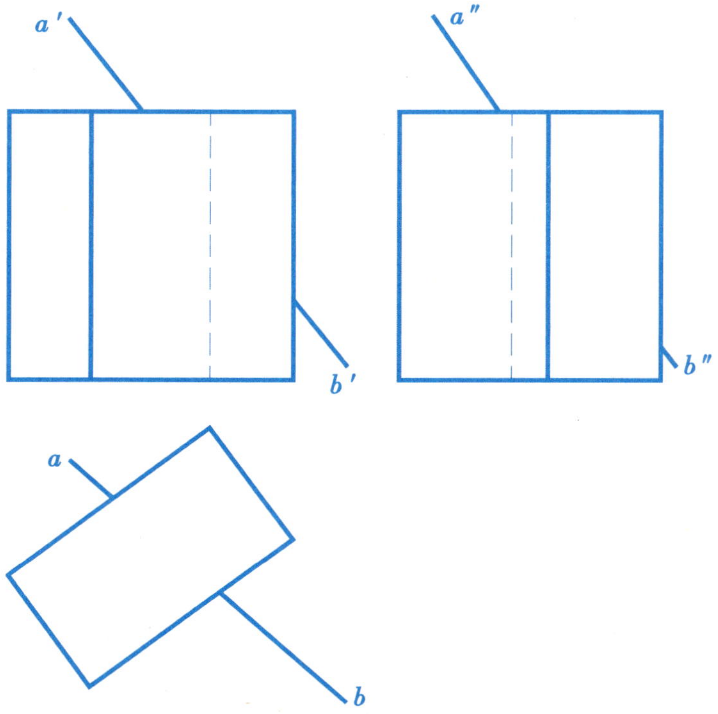

6-23　求直线 AB 与三棱柱的贯穿点，并判别可见性。

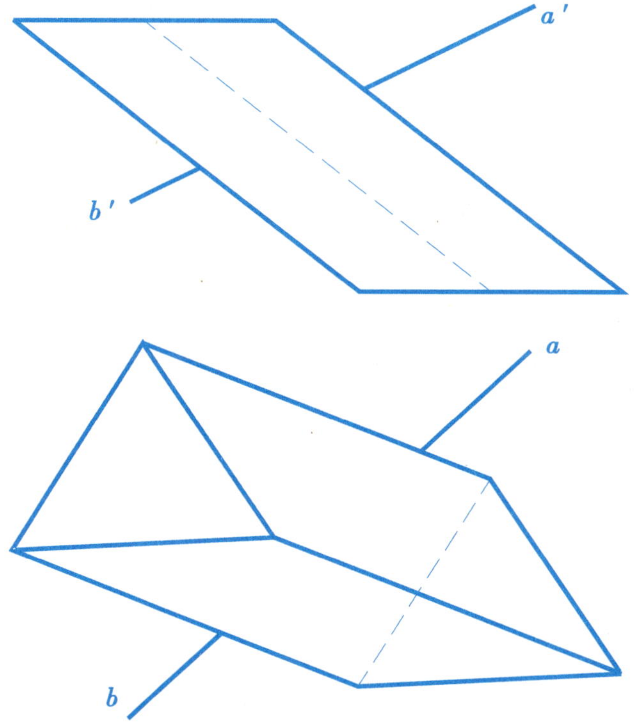

6-24　求直线 AB 与三棱锥的贯穿点，并判别可见性。

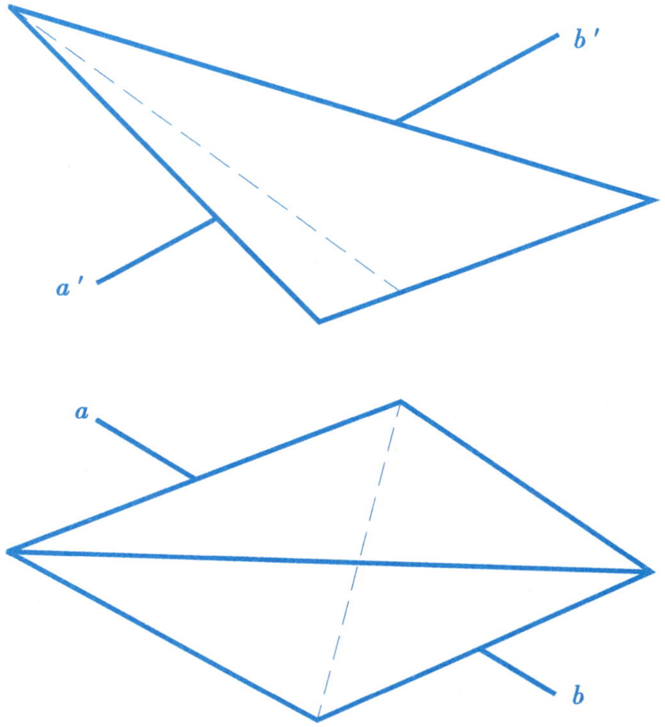

第 6 章　平面立体的投影	专业　　级　　班	姓名		学号		审核		成绩	

6-25 完成一直立三棱柱和斜三棱柱相贯后的 *V* 面投影。

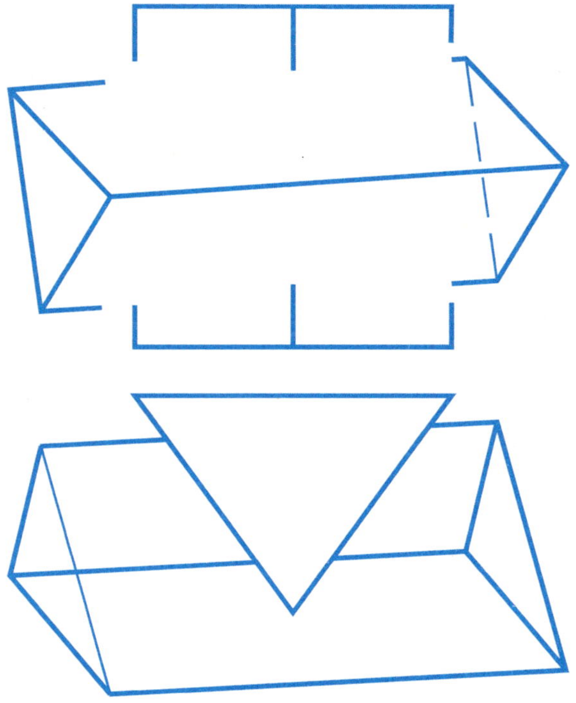

6-26 完成六棱柱和三棱柱相贯后的 *V* 面投影。

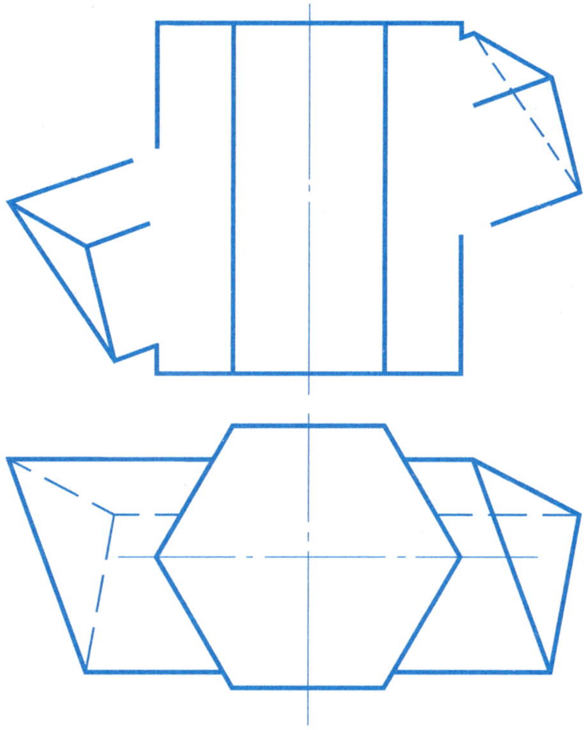

6-27 完成三棱锥和三棱柱相贯后的三面投影。

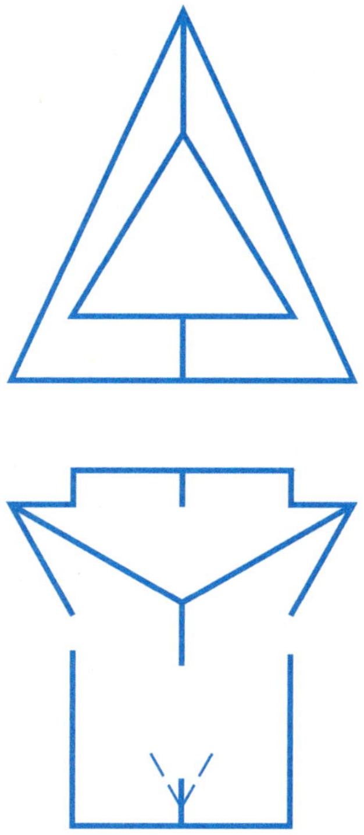

6-28 完成四棱锥和三棱柱相贯后的 *H*、*W* 面投影。

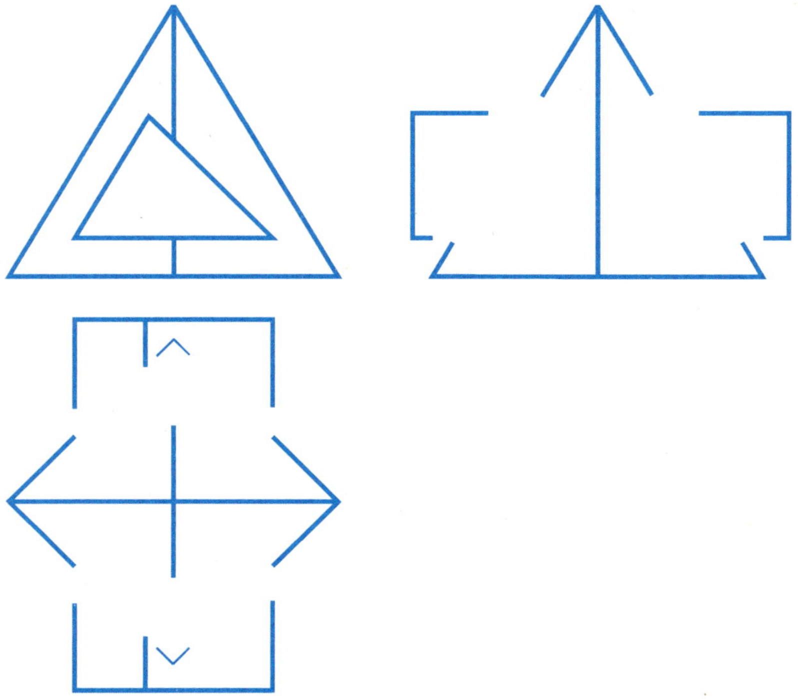

6-29 完成截头三棱柱和四棱锥,六棱柱相贯后的 *V*、*H* 投影。

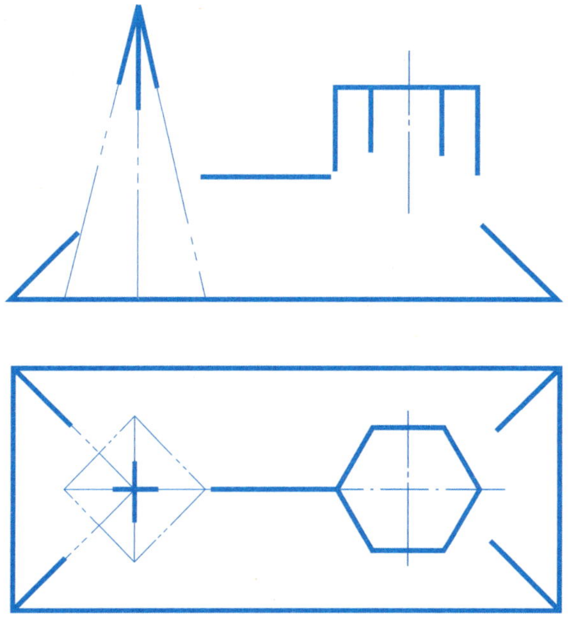

6-30 完成三棱锥和贯孔的三面投影。

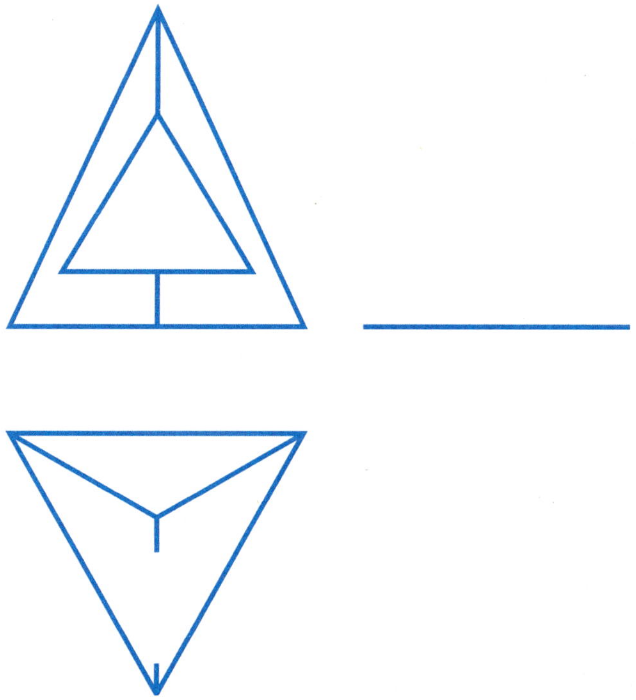

7-1　已知导圆柱及螺距 *S*，作右向圆柱螺旋线，并判别可见性。

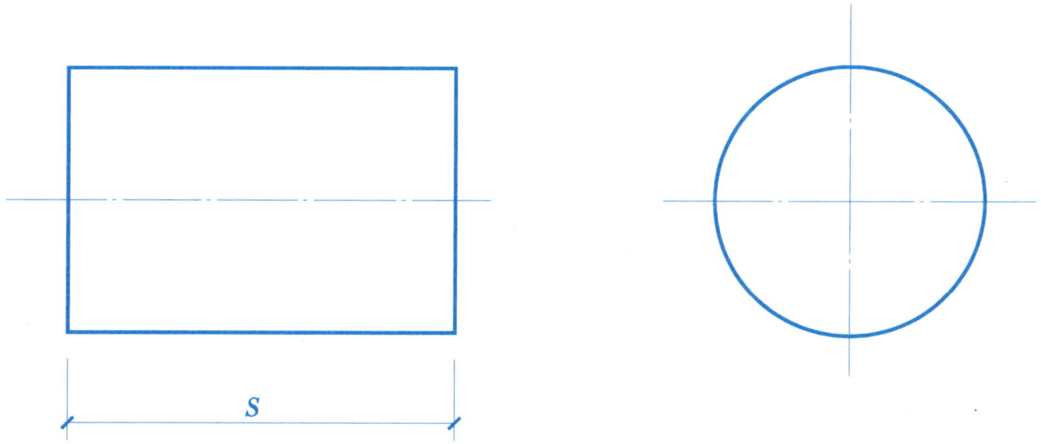

7-2　一钢轴在车床上加工，当车刀从轴的 *A* 点等速运动到 *B* 点时，轴同时匀速旋转两周，求作车刀在钢轴表面上刻出的刀痕迹线。

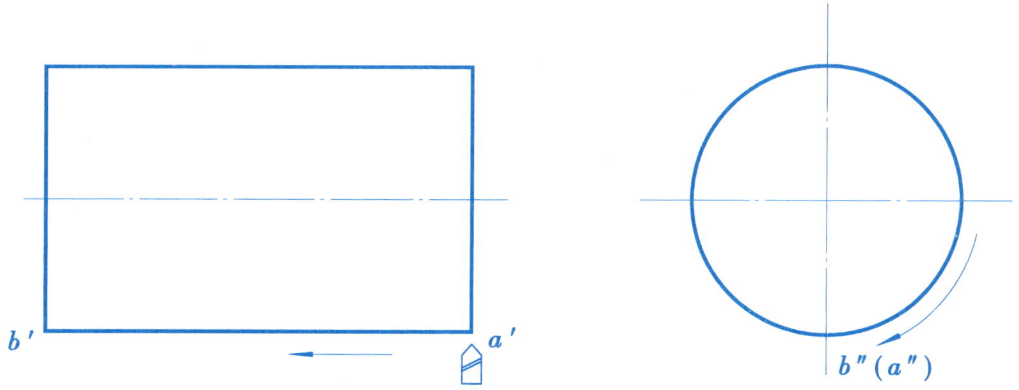

7-3　已知直导线 *AB*、*CD* 的投影，*V* 面为导平面，求作双曲抛物面的投影。

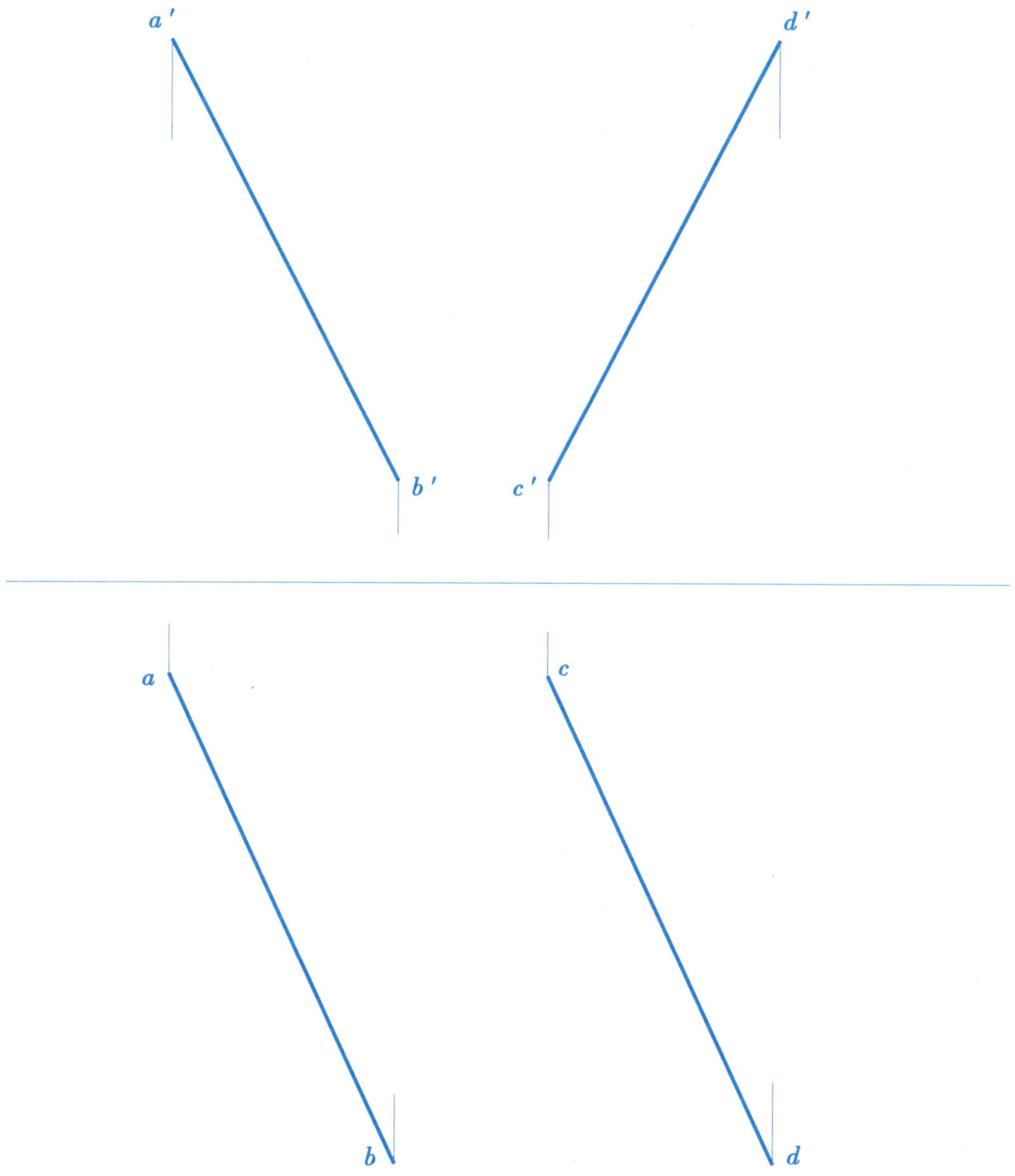

专业　　级　班	姓名		学号		审核		成绩	

7-4 以直线 AB 和曲线 CD 为导线，V 面为导平面，试绘锥状面的投影。

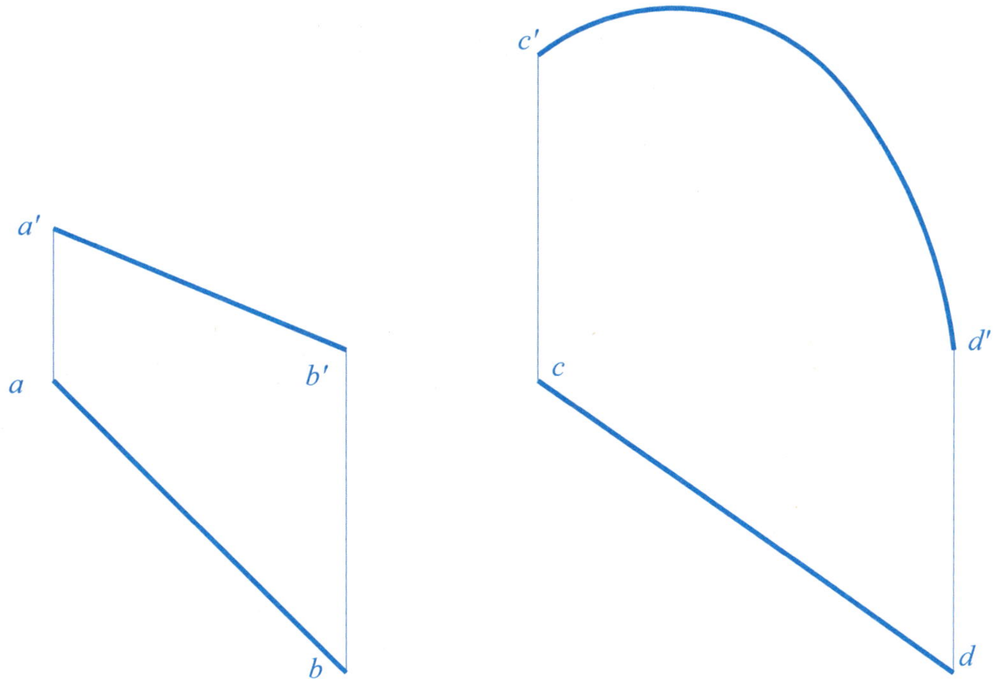

7-5 以曲线 AB、CD 为导线，V 面为导平面，试绘柱状面的投影。

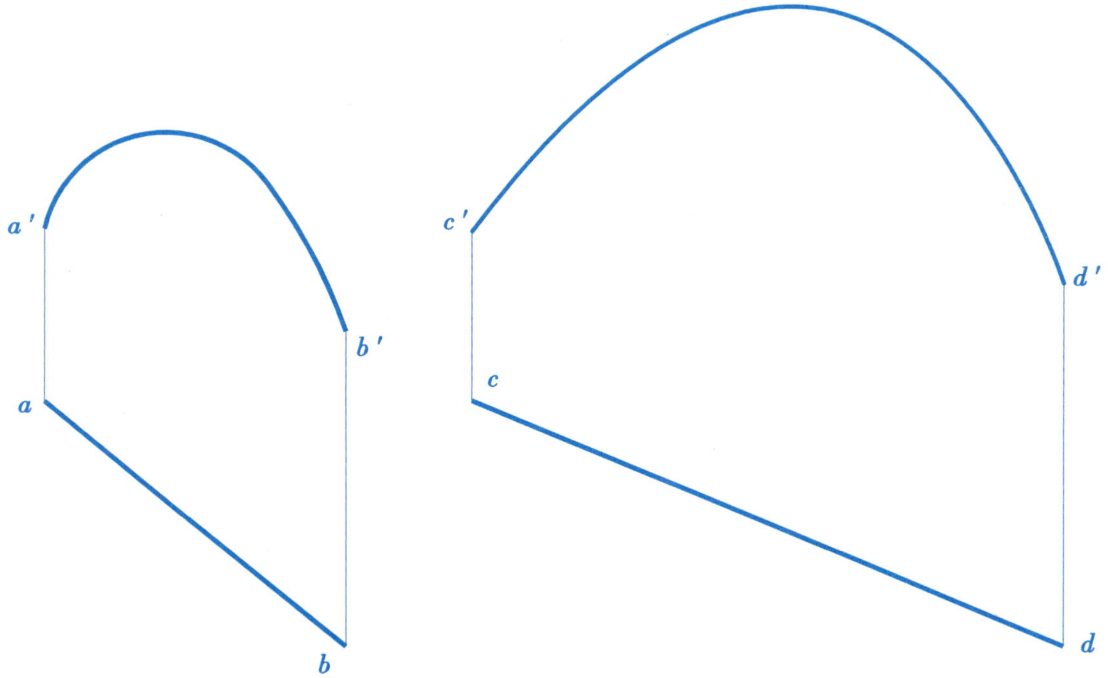

7-6 已知内、外圆柱直径分别为 D、D_1，螺距为 S，试绘制右向螺旋面的投影。

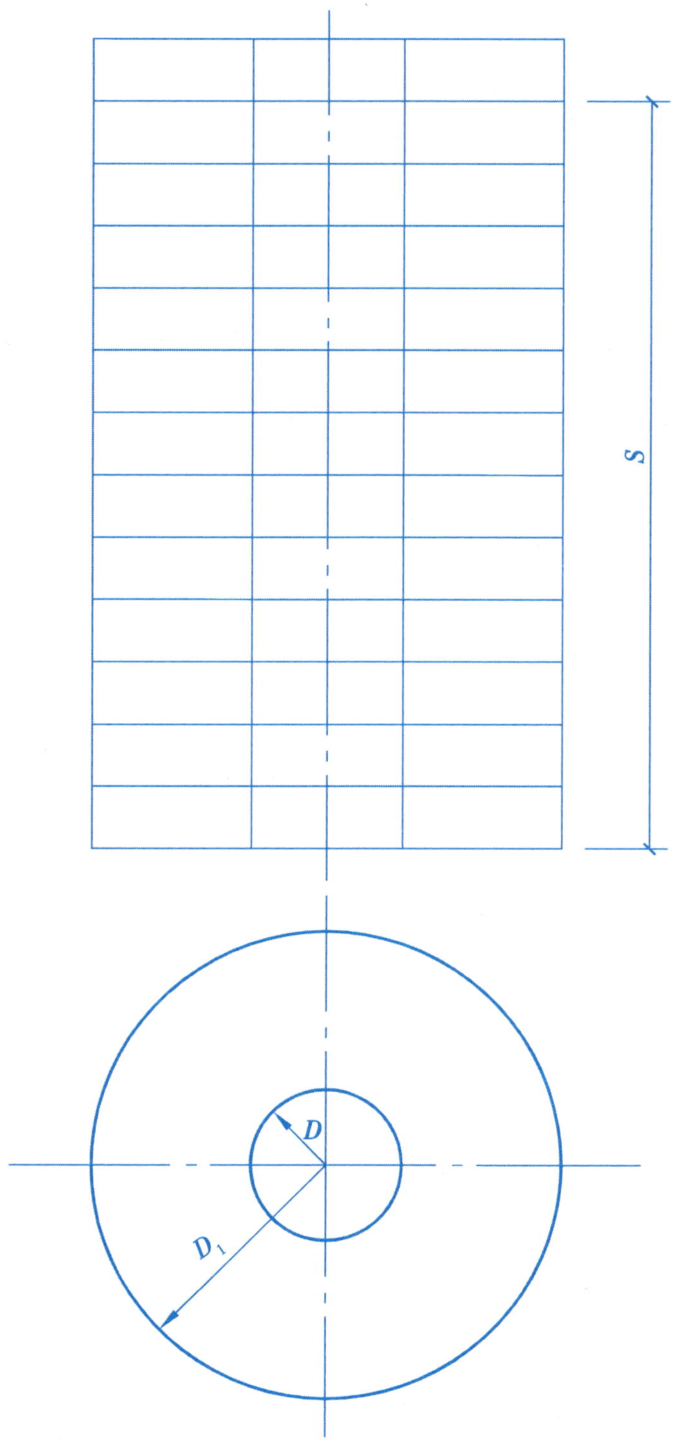

第7章 规则曲线、曲面及曲面立体	专业 级 班	姓名		学号		审核		成绩	

7-7 已知楼梯扶手弯头截面的 V 投影和弯头的 H 投影，补绘由平螺旋面组成的楼梯扶手弯头的 V 投影。

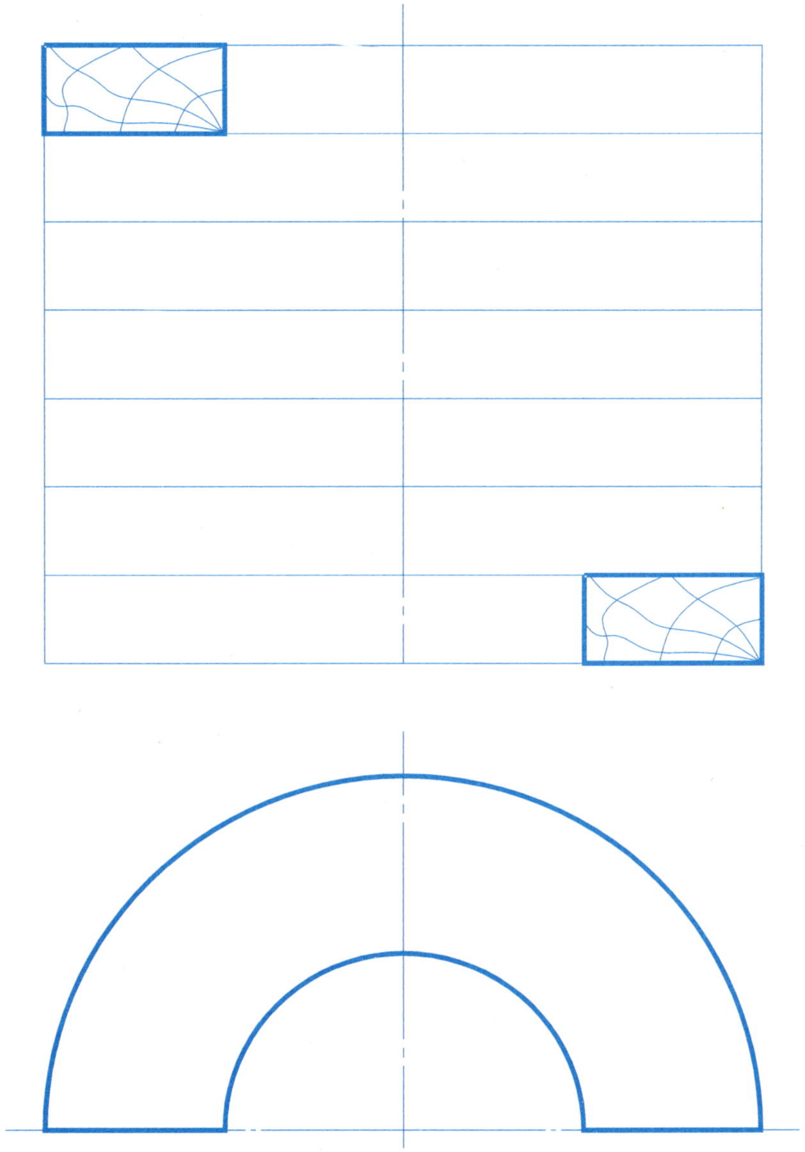

7-8 已知内、外圆柱直径分别为 D、D_1，螺距为 S，踏步高为 $S/12$，踏面板厚为 $S/12$，试绘制右向螺旋楼梯的投影。

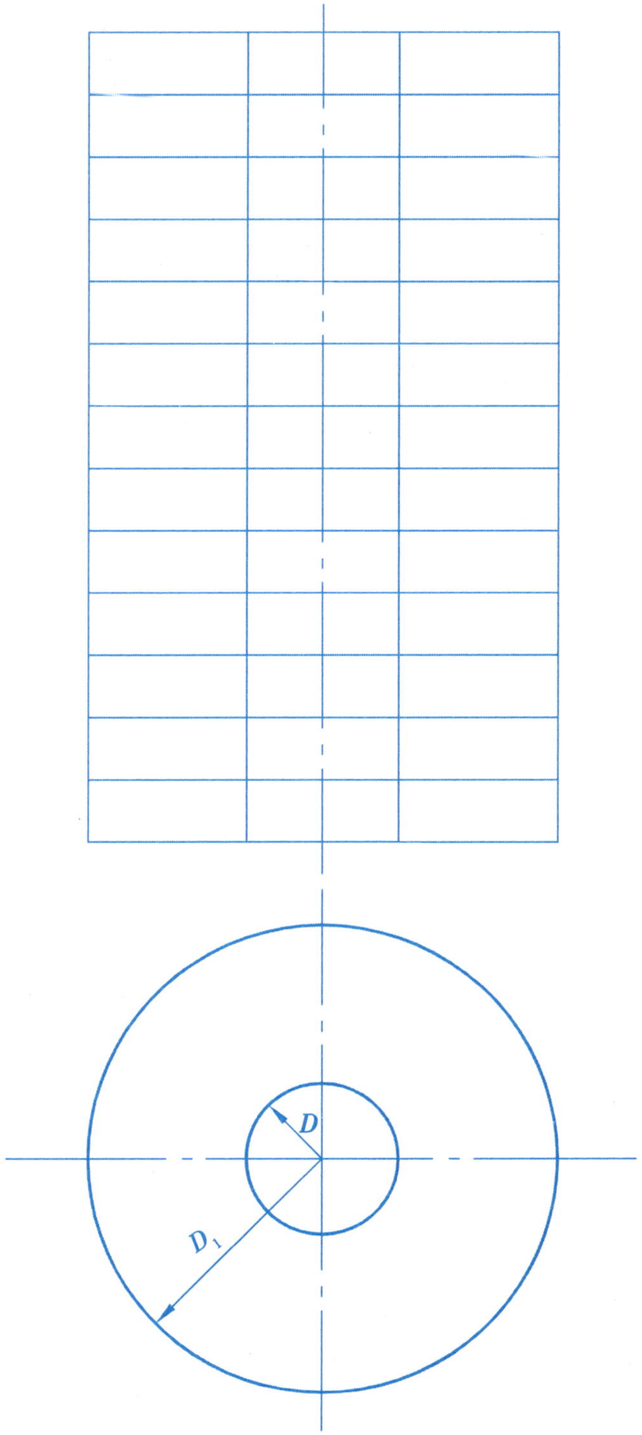

第 7 章 规则曲线、曲面及曲面立体	专业 级 班	姓名		学号		审核		成绩	

7-9　已知正圆柱面垂直于 H，直径 $D=36$ mm，高 $S=40$ mm，画圆柱的三面投影。

7-10　已知正圆柱和圆柱表面上的 A、B、C 的 H 面投影，完成圆柱及其表面点的 V、W 面投影。

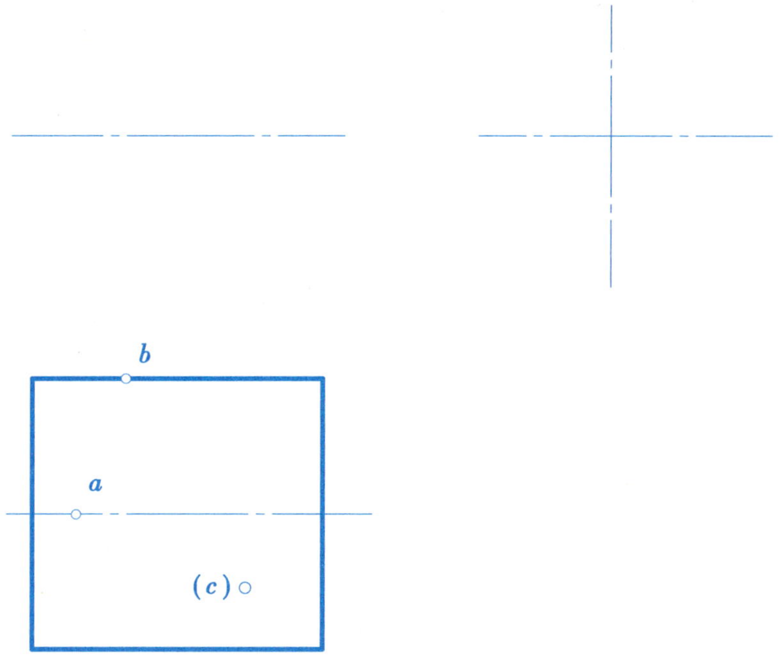

7-11　已知正圆锥轴线垂直于 H，底圆直径 $D=36$ mm，高 $S=40$ mm，试画出圆锥的三面投影。

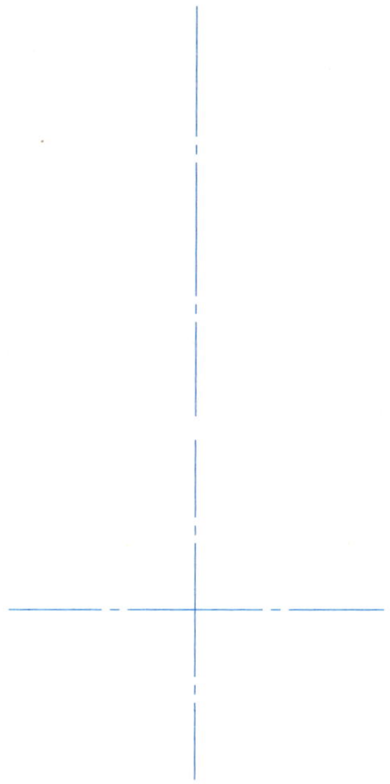

7-12　已知正圆锥和圆锥表面上的 A、B、C 的 V 面投影，完成圆锥及其表面点的 H、W 面投影。

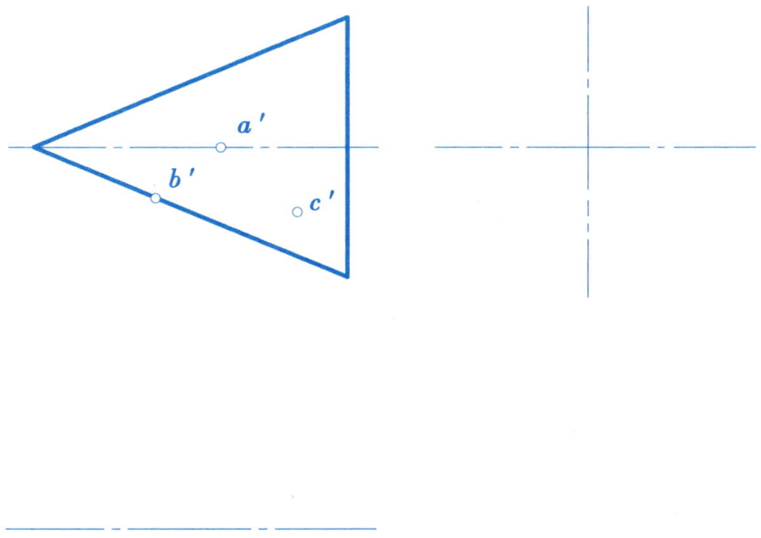

7-13　已知正圆锥和圆锥表面上的 A、B、C 的 H 面投影，锥高为 40 mm，完成圆锥及其表面点的 V、W 面投影。

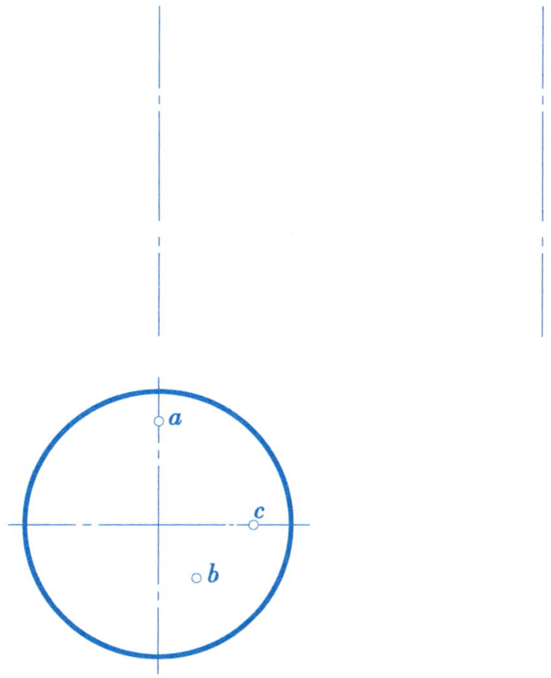

7-14　已知圆球及其表面上的 A、B、C、D 点的一个投影，完成球体及其表面上点的另两个投影。

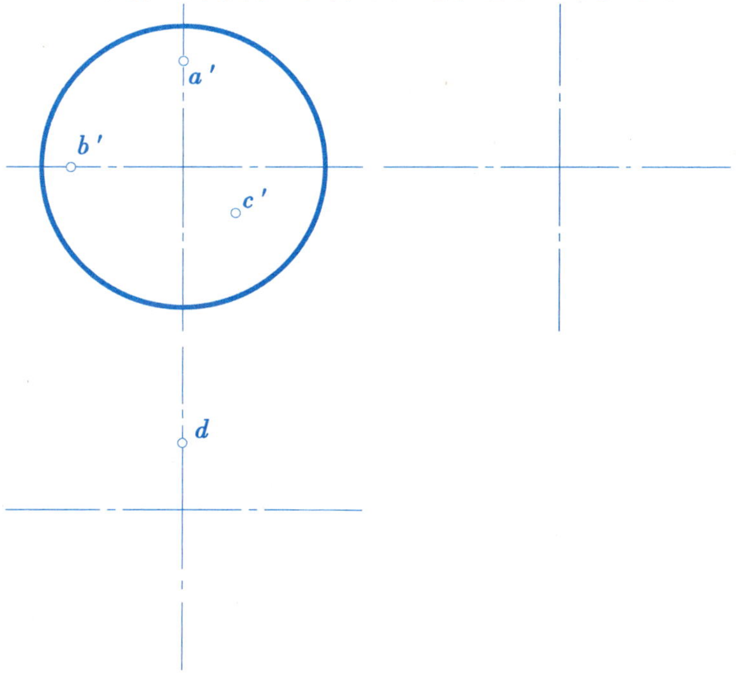

第 7 章　规则曲线、曲面及曲面立体	专业　　级　　班	姓名		学号		审核		成绩	

7-15 补全带缺口圆柱的 H、W 投影。

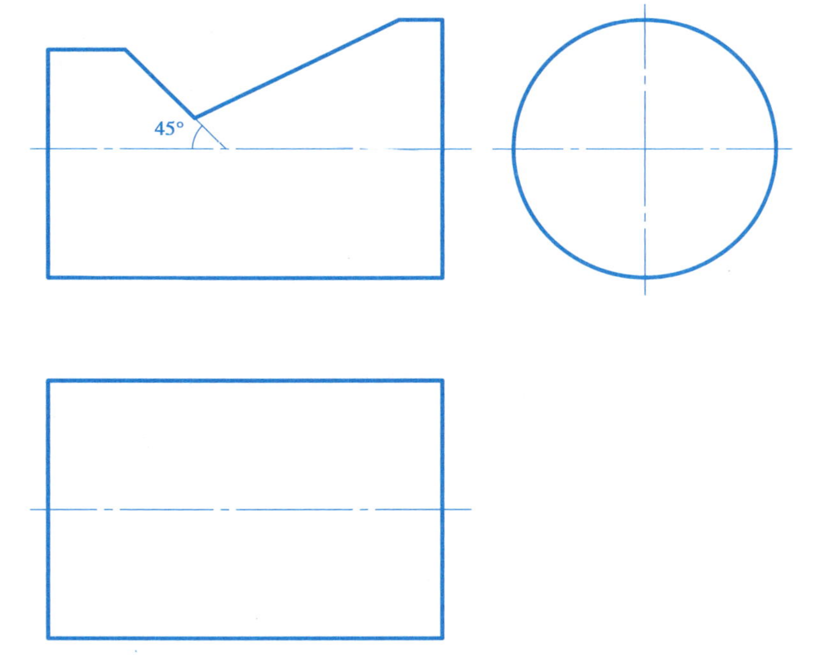

7-16 求带通孔圆柱的 W 投影。

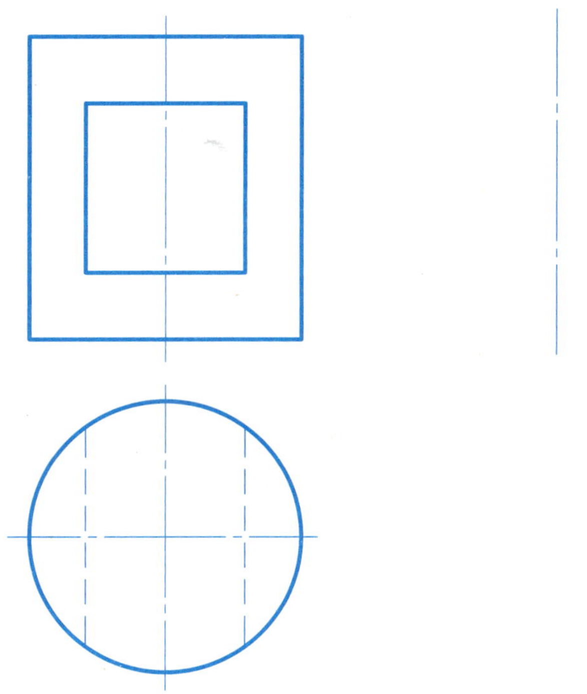

7-17 求圆柱榫头的 H 投影。

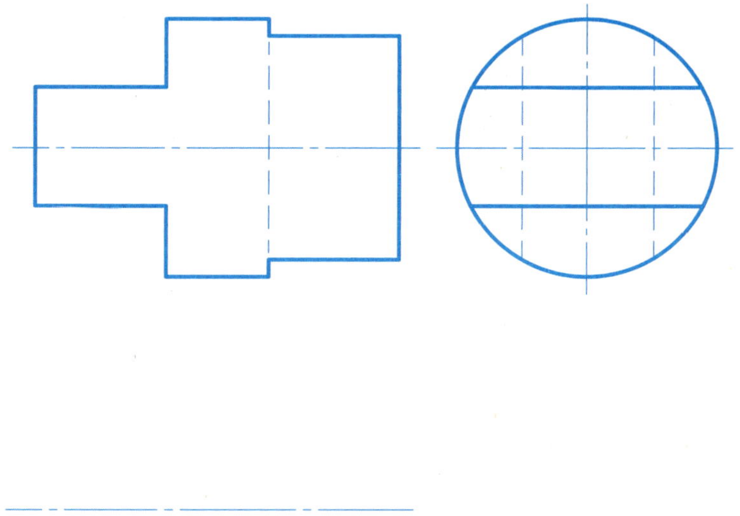

7-18 补全带缺口圆柱的 H、W 投影。

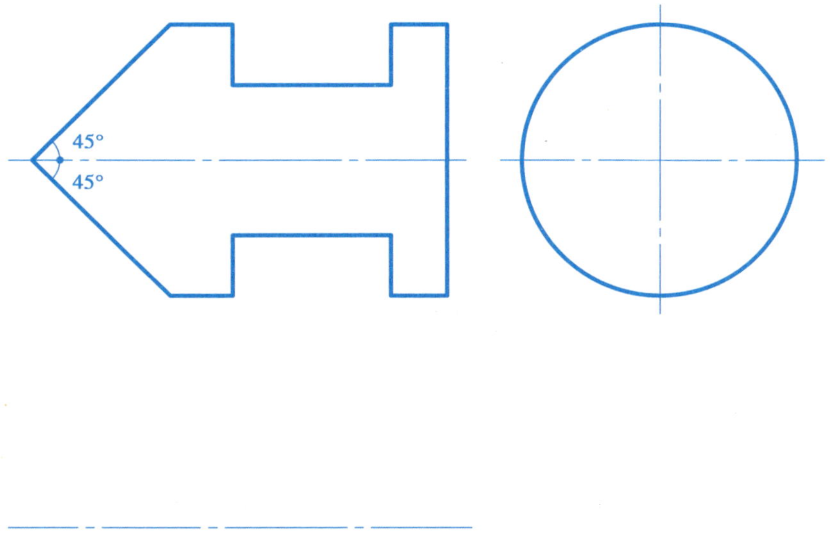

7-19 求直线 AB 与圆柱的贯穿点，并判别可见性。

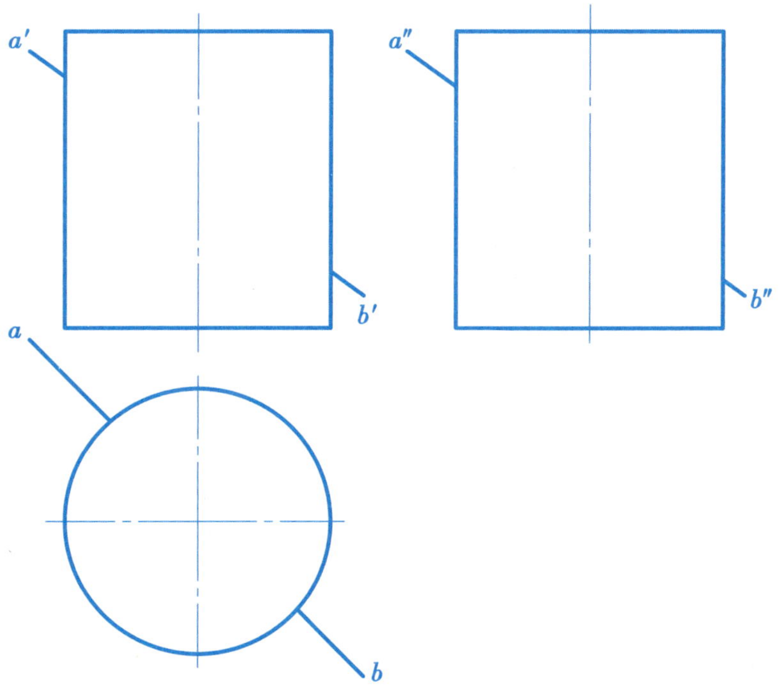

7-20 求直线 AB 与圆柱的贯穿点，并判别可见性。

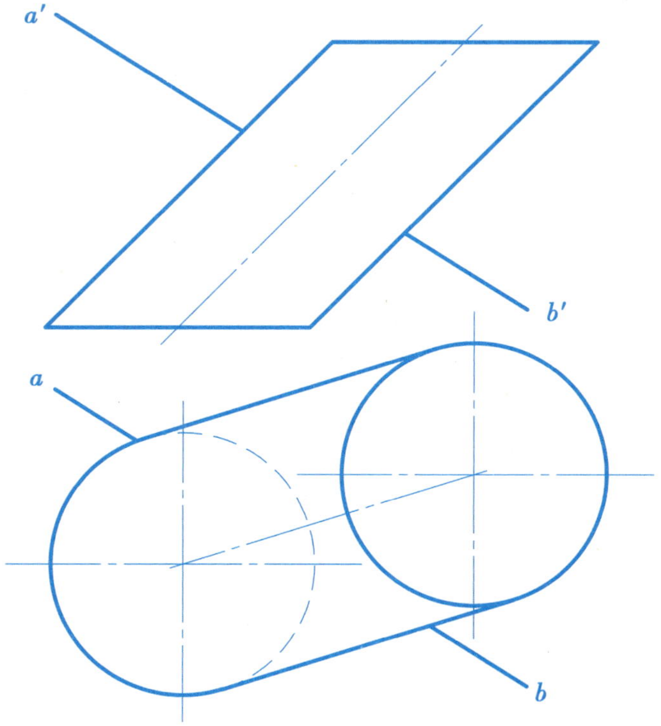

7-21　求圆锥截割后的 H、W 投影。

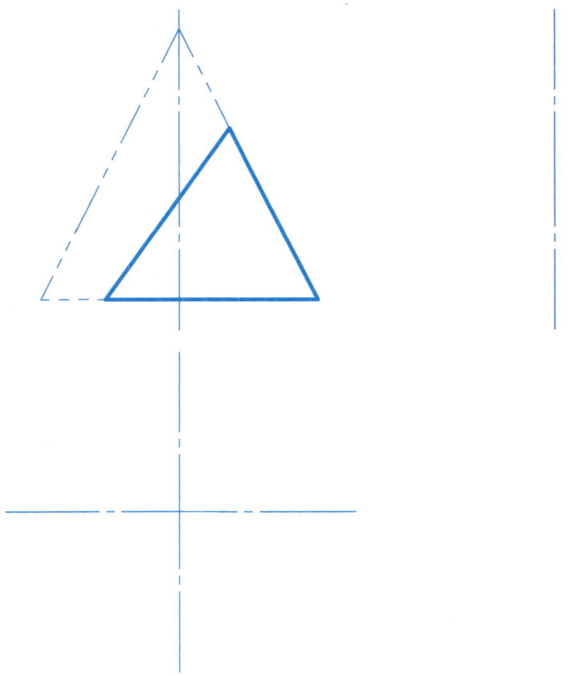

7-22　求圆锥截割后的 H、W 投影。

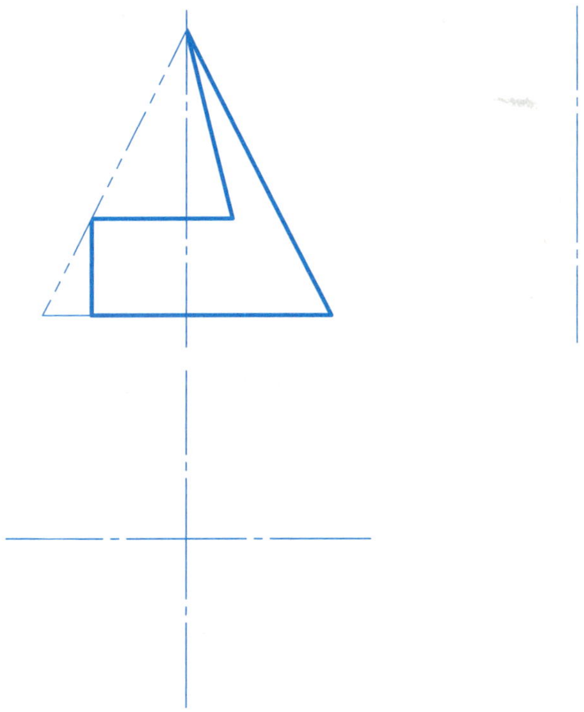

7-23　求圆锥截割后的 H、W 投影。

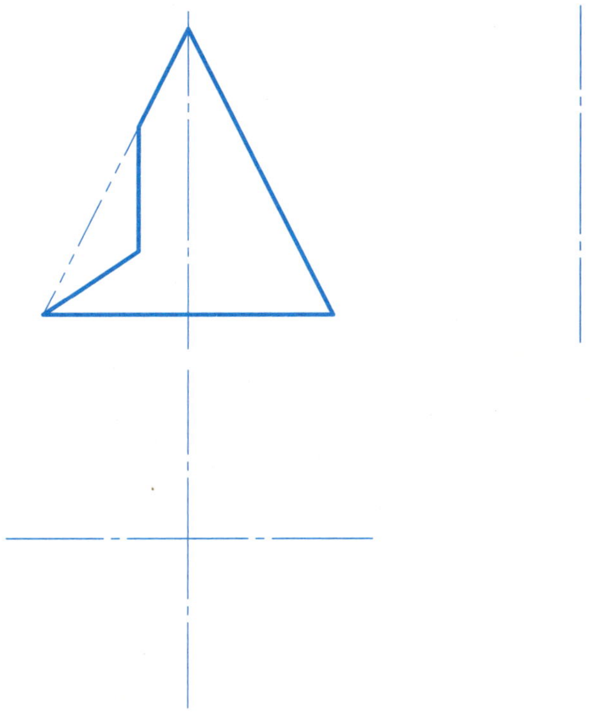

7-24　求圆锥截割后的 H、W 投影。

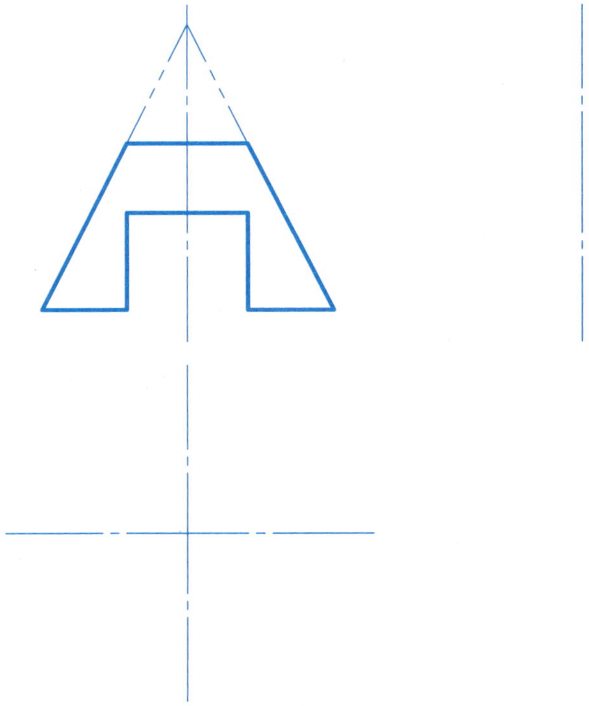

7-25　求水平线 AB、铅垂线 CD 与圆锥的贯穿点，并判别可见性。

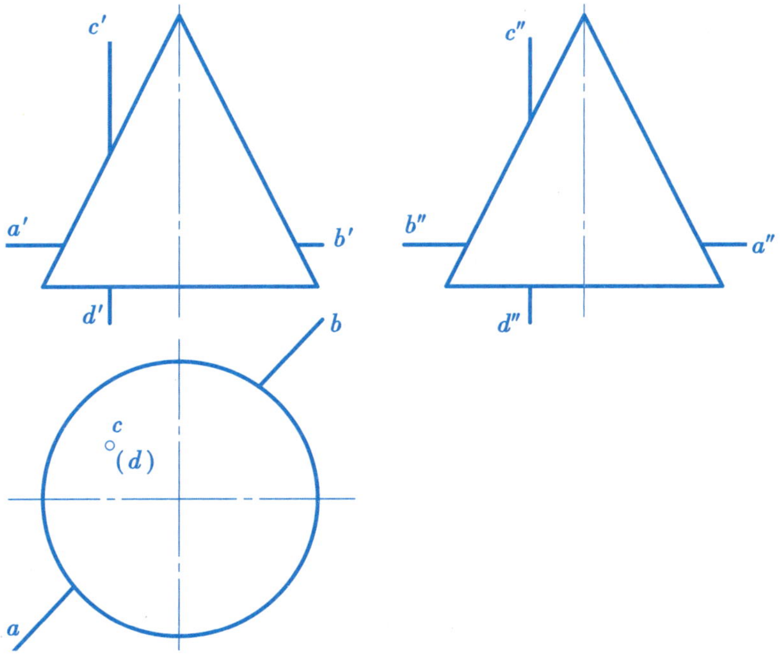

7-26　求正平线 AB 与圆锥的贯穿点，并判别可见性。

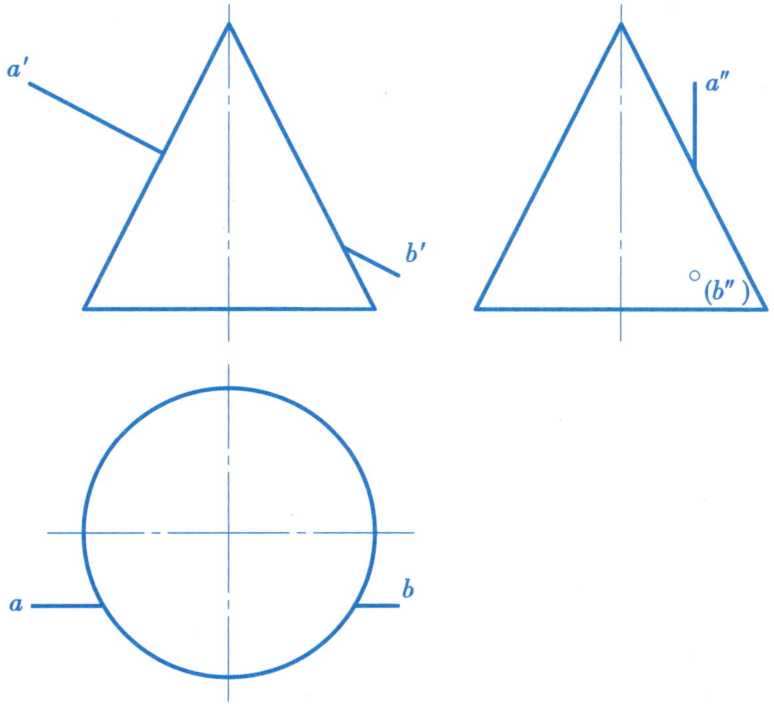

7-27　补全球体截割后的 H、W 投影，并求截面实形。

7-28　补全半球截割后的 H、W 投影。

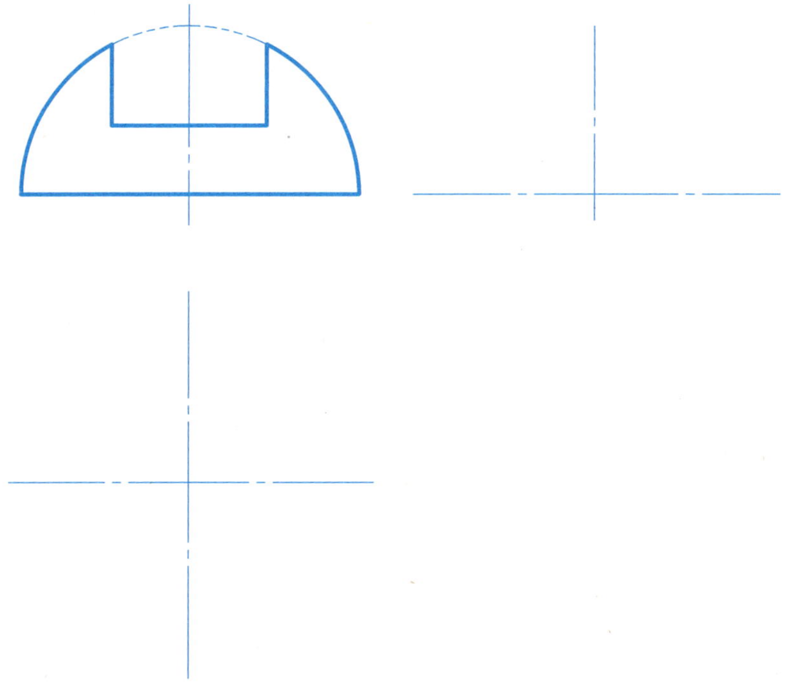

7-29　补全球体穿孔后的 H、W 投影。

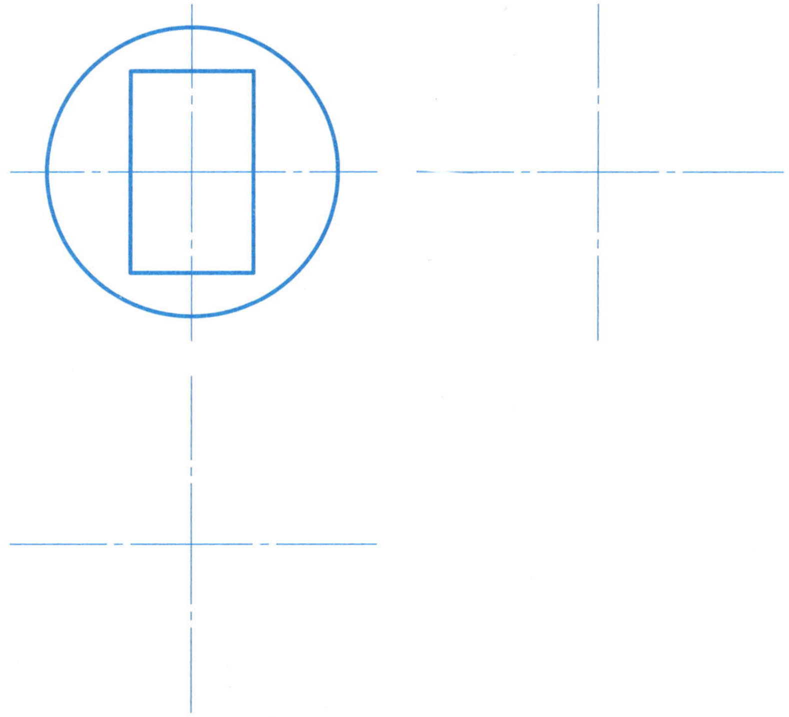

7-30　补全半球截割后的 V、W 投影。

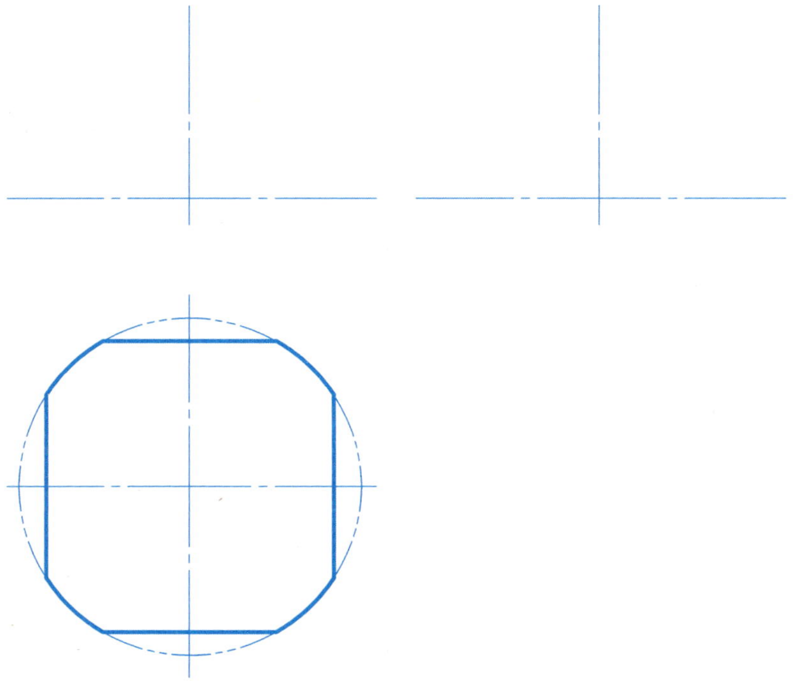

7-31　求正平线 AB 与球体的贯穿点，并判别可见性。

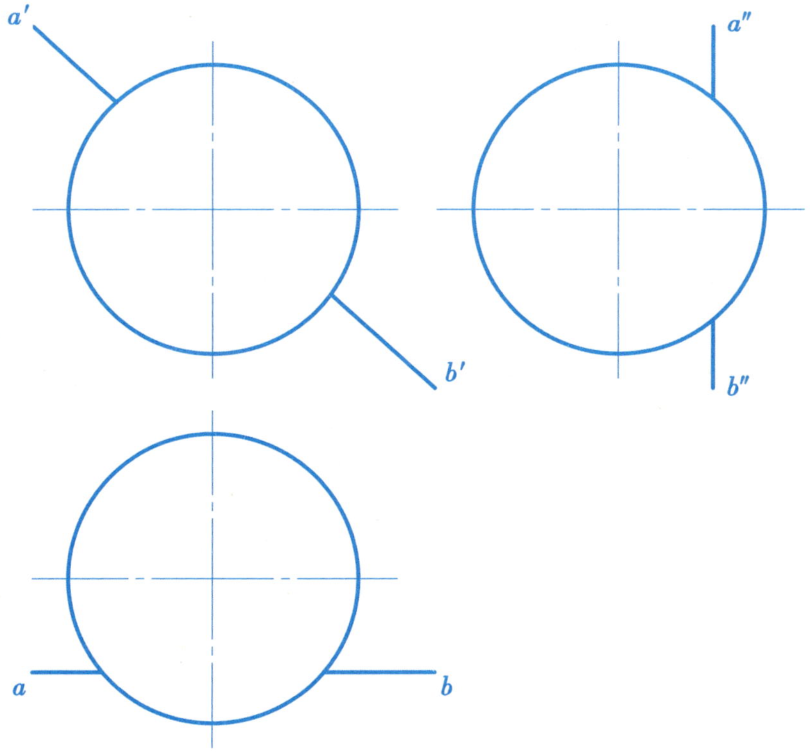

7-32　求直线 AB 与球体的贯穿点，并判别可见性。

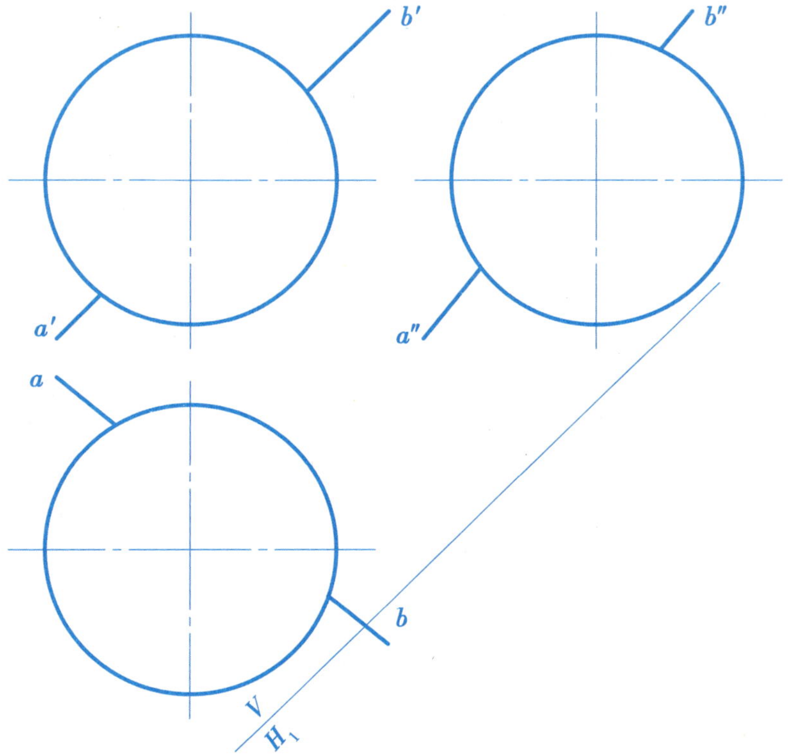

7-33　完成圆锥和四棱柱相贯后的投影。

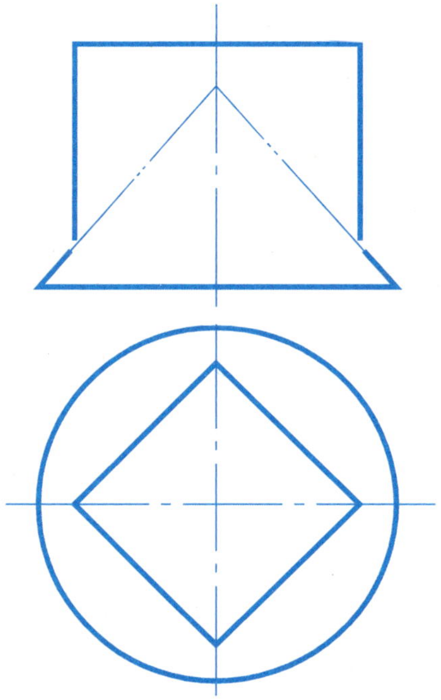

7-34　完成四棱锥和圆柱相贯后的投影。

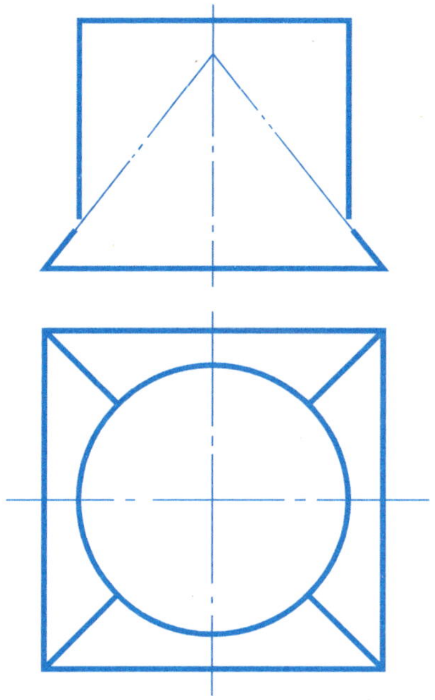

7-35　完成半圆球和三棱柱相贯后的投影。

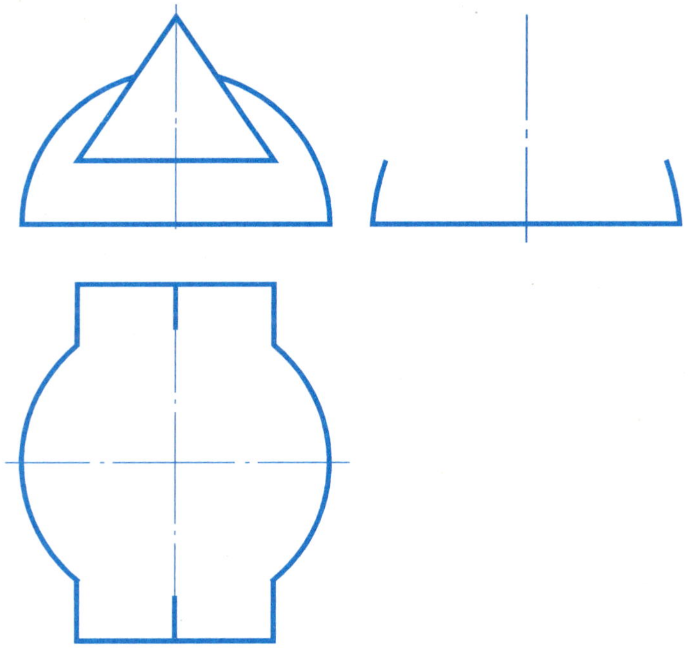

7-36　完成四棱锥和圆锥相贯后的投影。

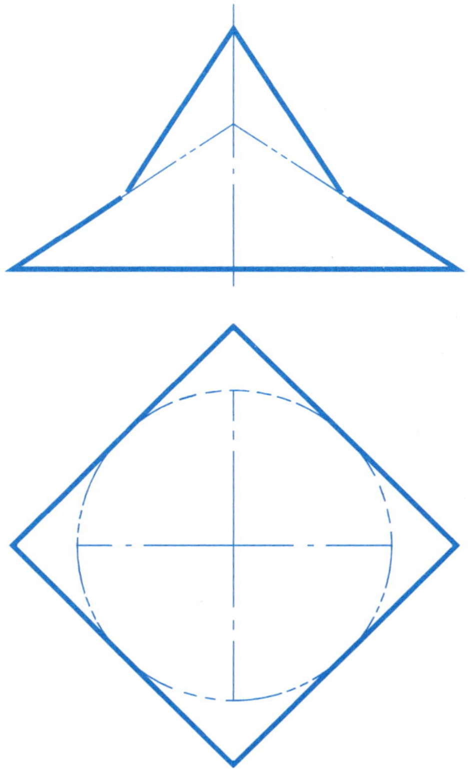

7-37　求四棱柱与圆柱相贯后的投影。

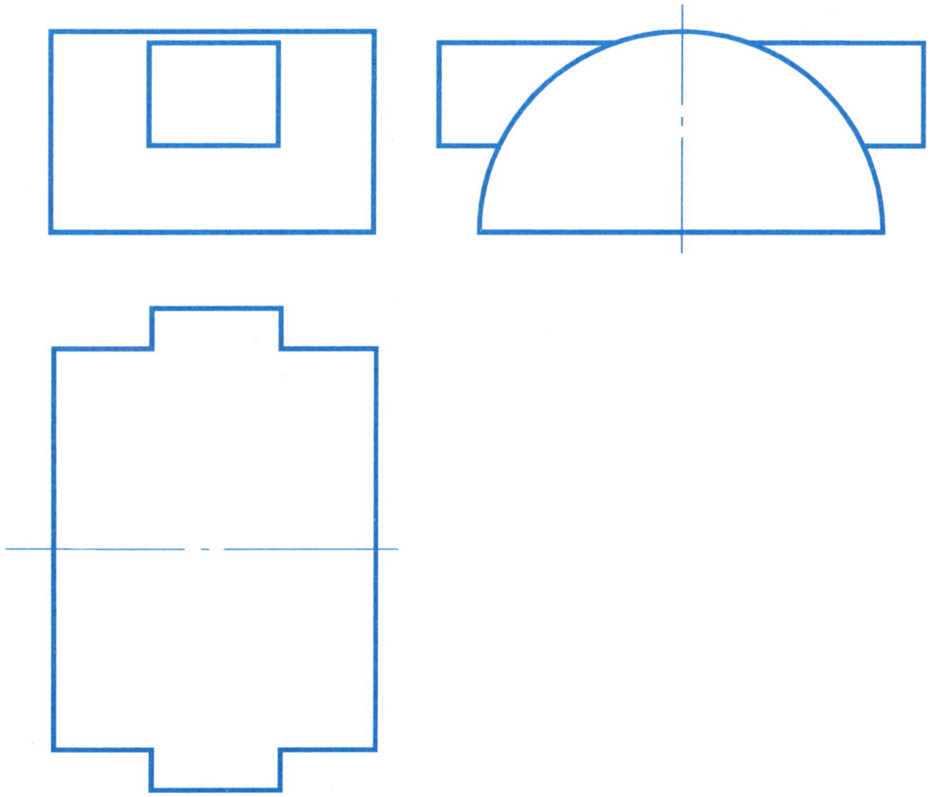

7-38　完成半圆球和四棱柱相贯后的投影。

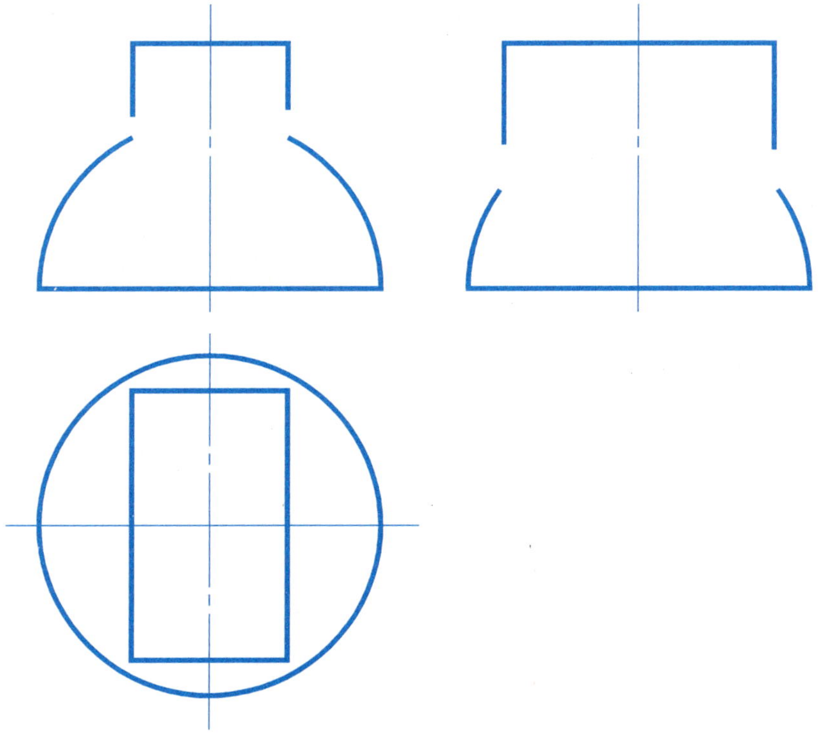

专业　　级　　班	姓名		学号		审核		成绩	

7-39　求两半圆柱的相贯线。

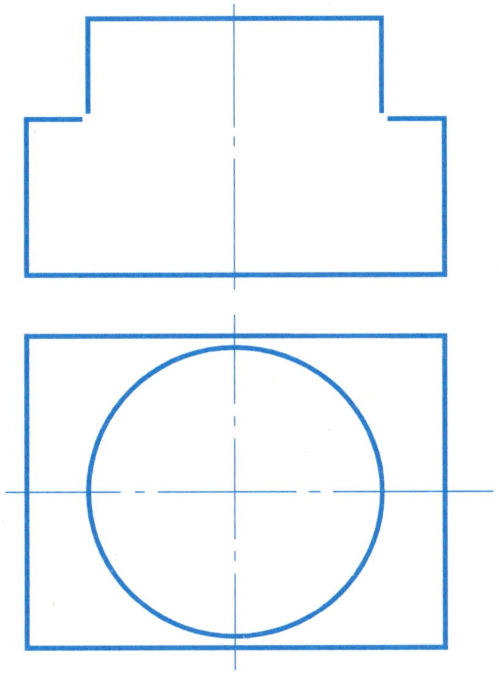

7-40　完成半圆柱和圆柱相贯后的投影。

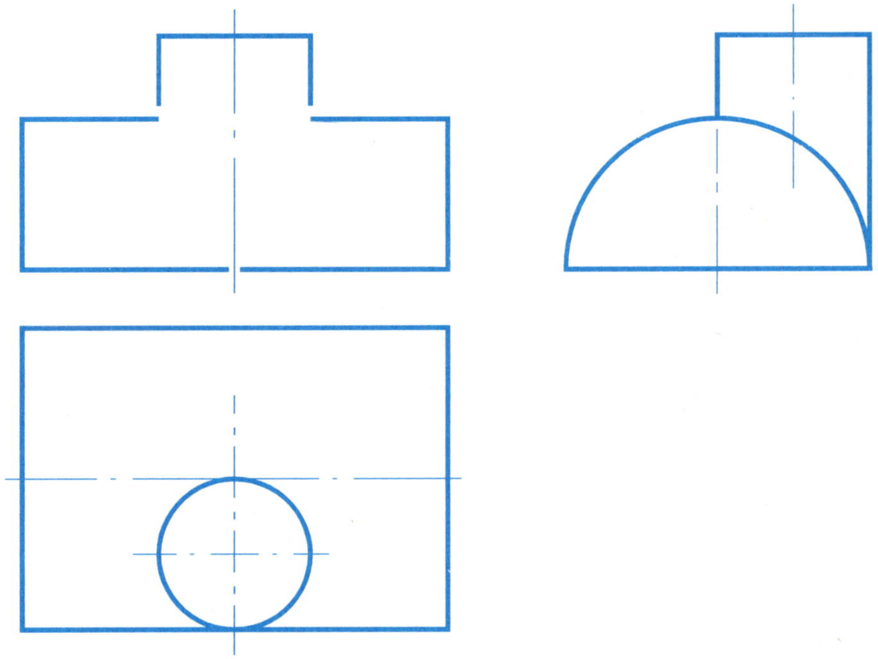

7-41　完成圆锥和圆柱相贯后的投影。

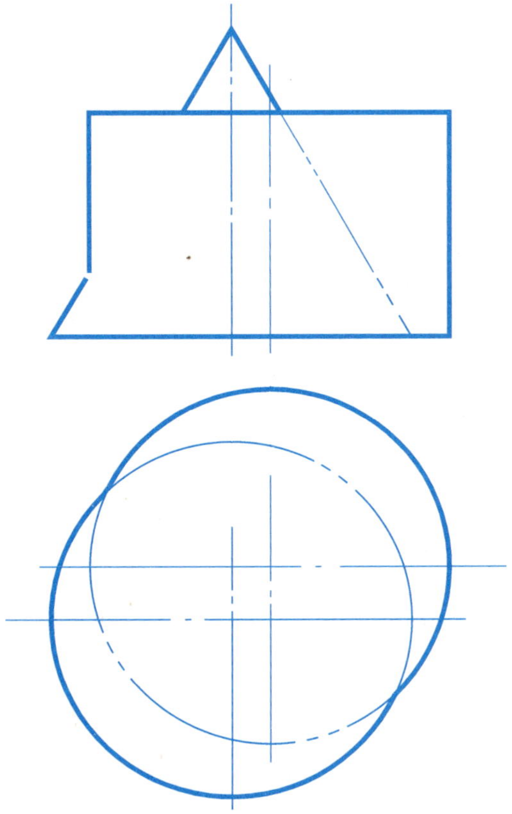

7-42　完成半球和圆柱相贯后的投影。

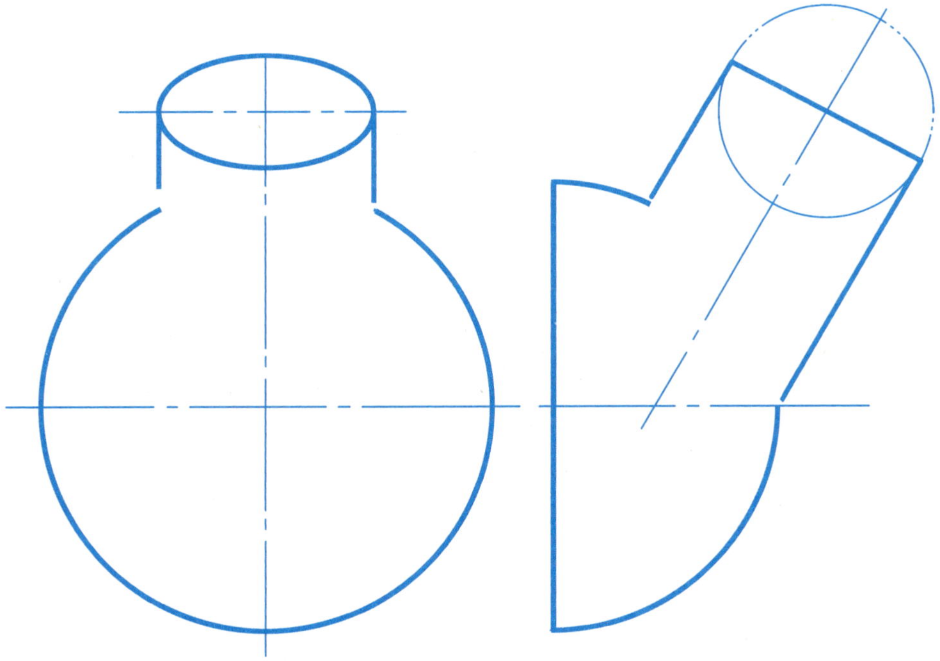

第 7 章　规则曲线、曲面及曲面立体	专业　　级　班	姓名		学号		审核		成绩	

7-43 求两半圆柱的相贯线。

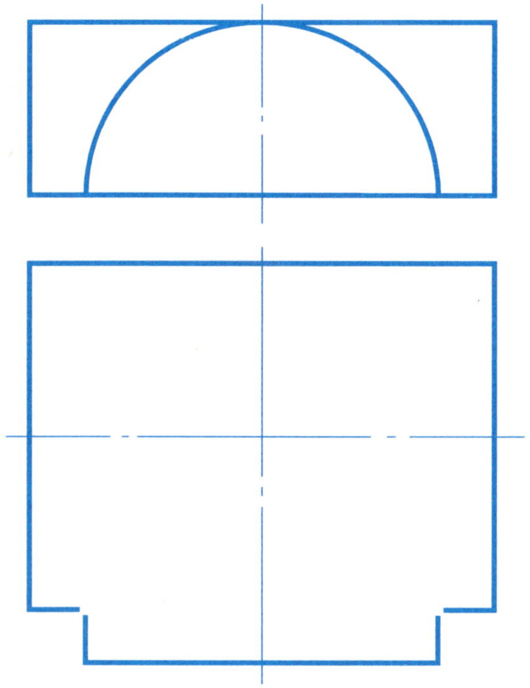

7-44 补画出相贯线的投影。

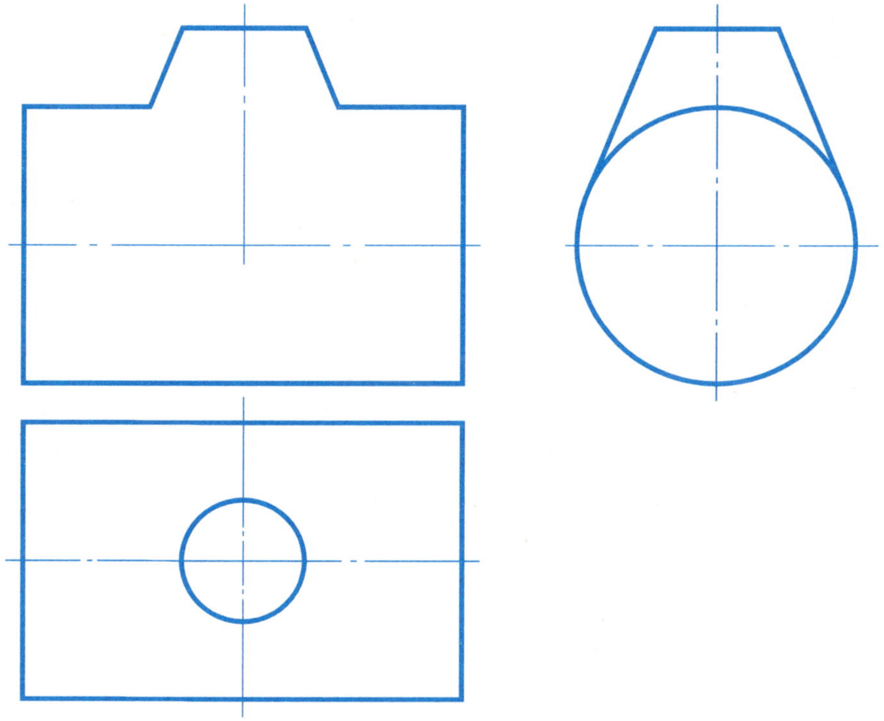

7-45 求圆锥和圆柱的相贯线。

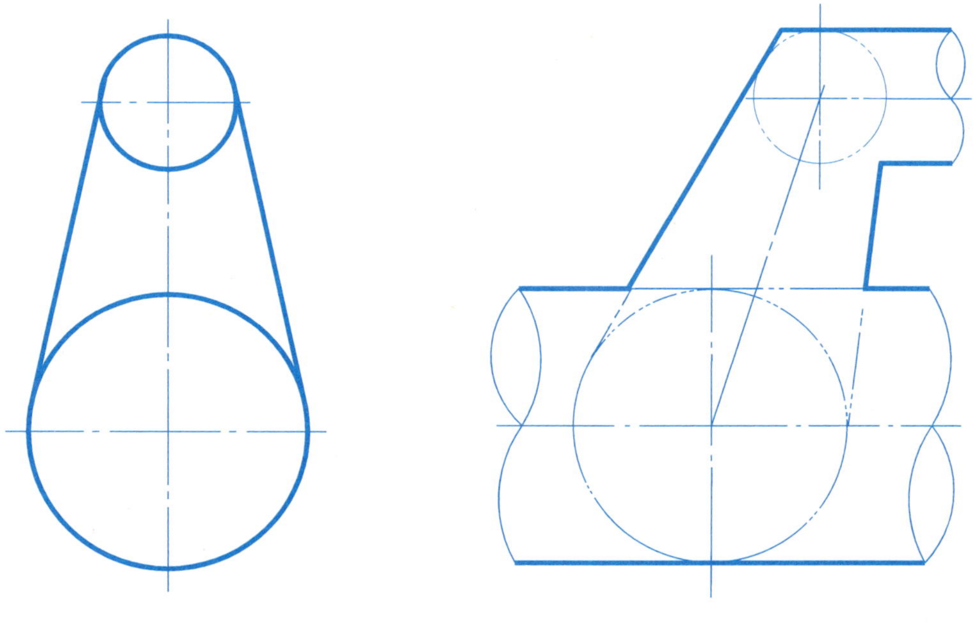

7-46 补画出相贯线的投影。

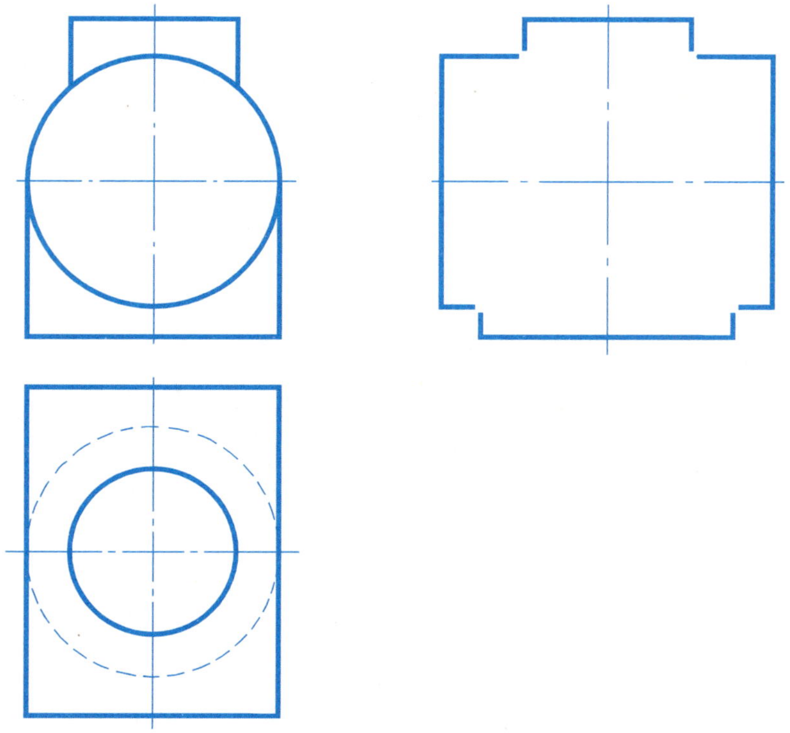

第7章 规则曲线、曲面及曲面立体	专业 级 班	姓名		学号		审核		成绩	

8-1 作下列各形体的正等测图。

（1）

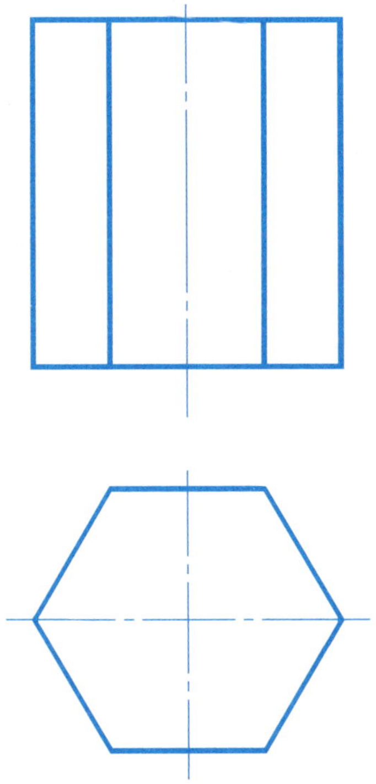

（2）

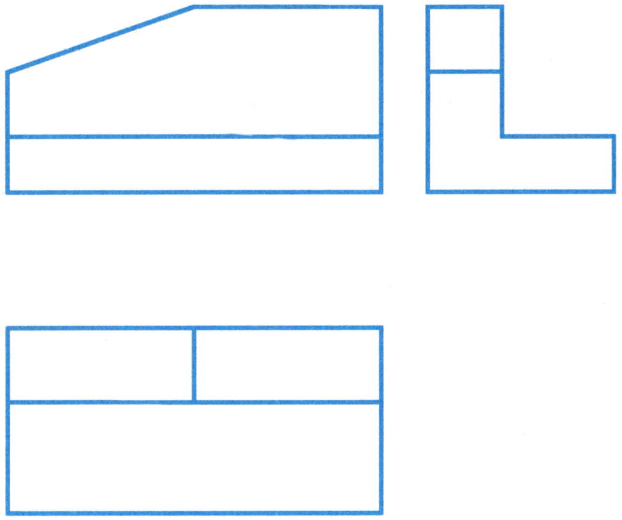

（3）

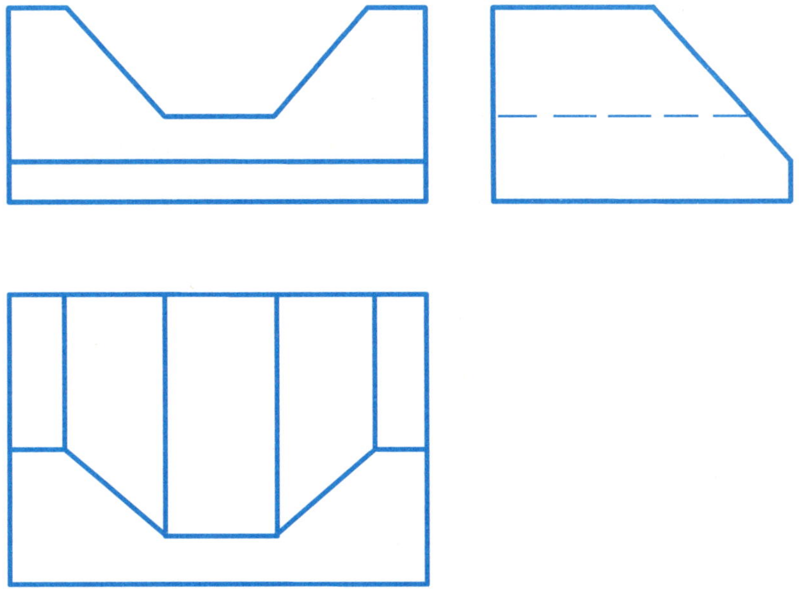

（4）

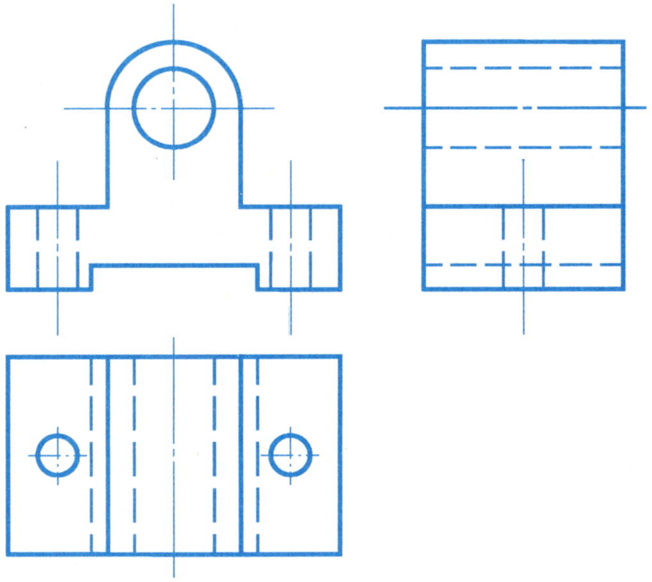

第 8 章 轴测图	专业 级 班	姓名		学号		审核		成绩	

8-2 根据下列的两个视图，作其正等测图。

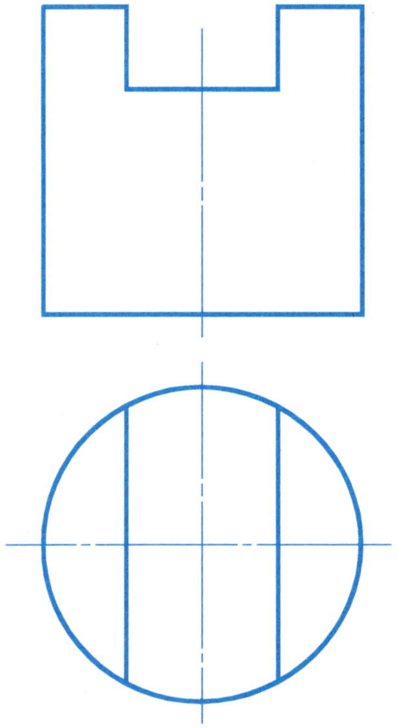

8-3 作下列形体的正等测图。

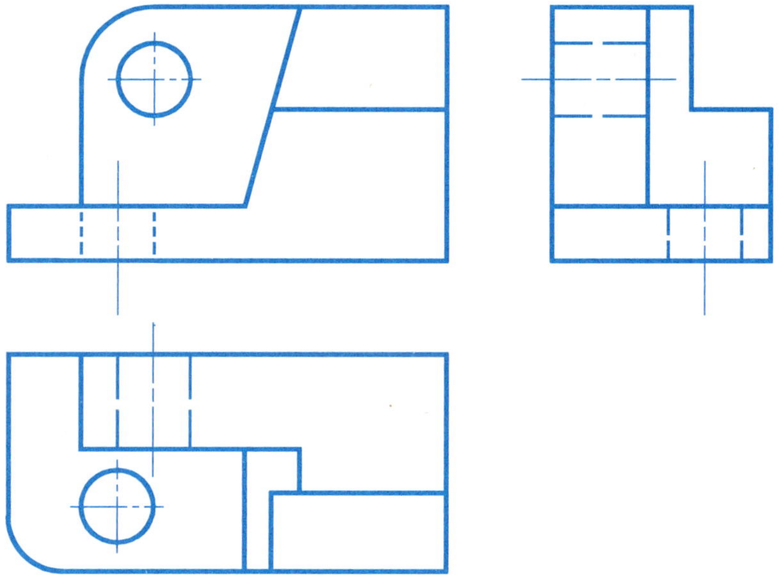

8-4 根据下列三视图，作其正等轴测图。

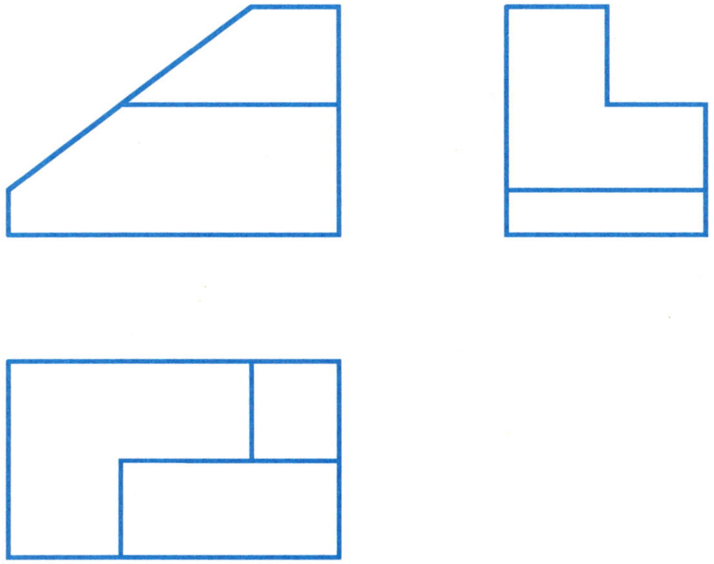

8-5 作下列形体的正等测图。

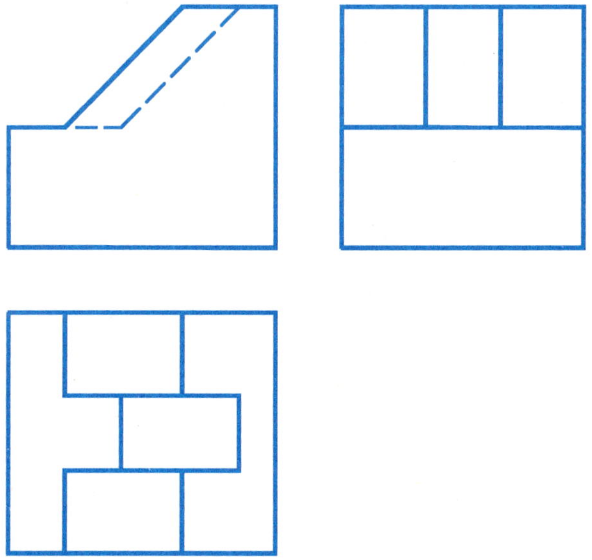

第 8 章 轴测图	专业 级 班	姓名		学号		审核		成绩	

8-6 作下列形体的正等测图。

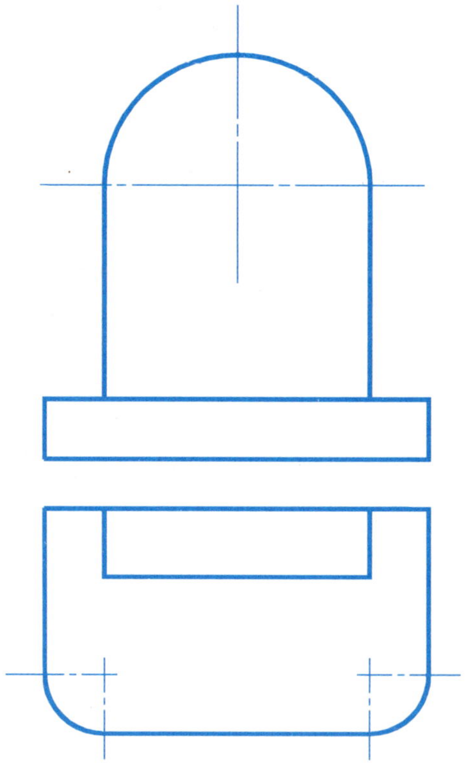

8-7 根据下列视图，作其斜二测图。

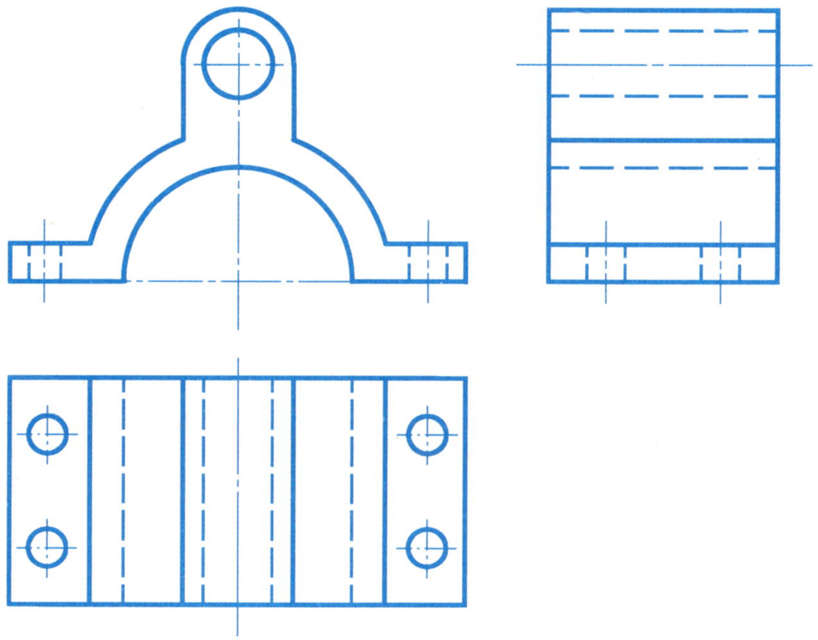

8-8 作出下图物体的斜二轴测图。

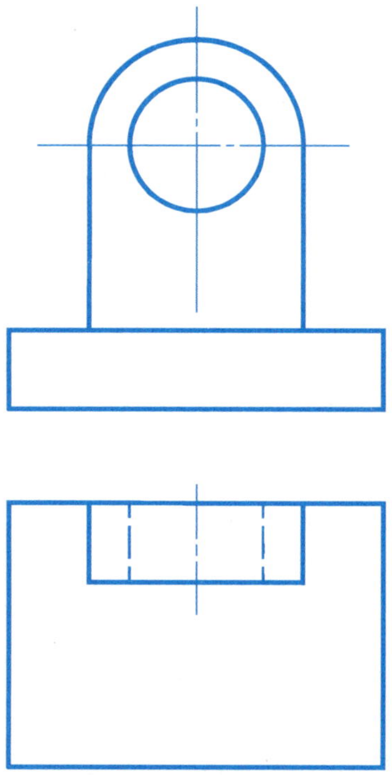

8-9 根据下列视图，作其斜二轴测图。

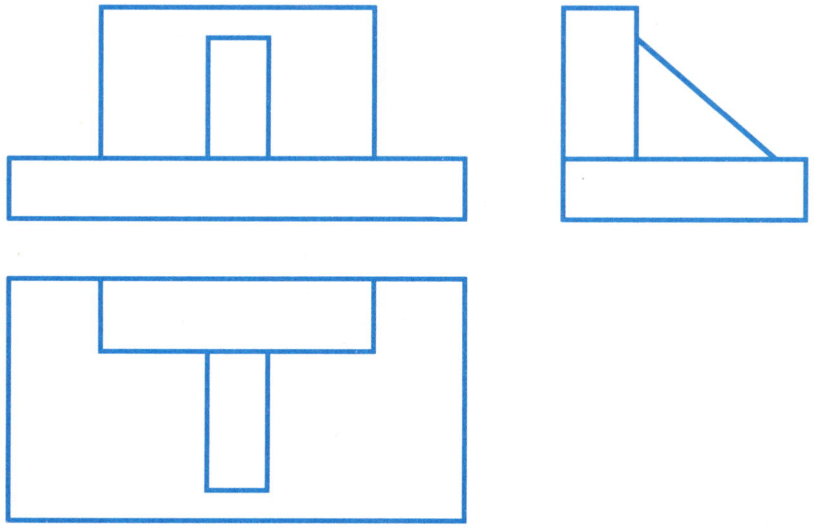

8-10 根据下列视图，作其斜二轴测图。

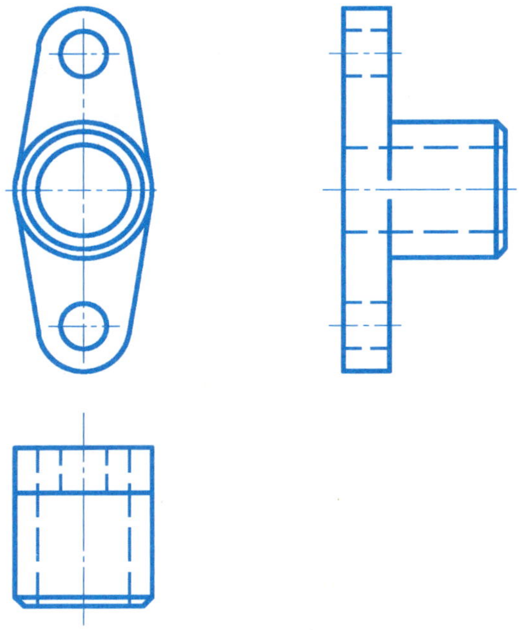

8-11 根据物体的视图，画出其正等轴测剖视图。

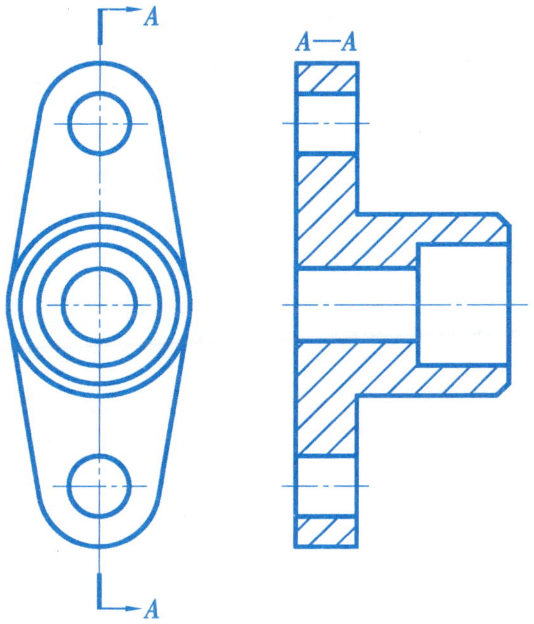

8-12 作下图物体的斜二轴测剖视图。

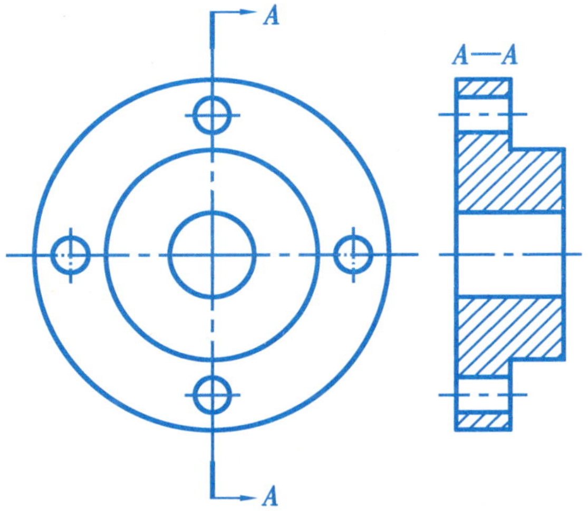

8-13 对下面的轴测图进行尺寸标注。

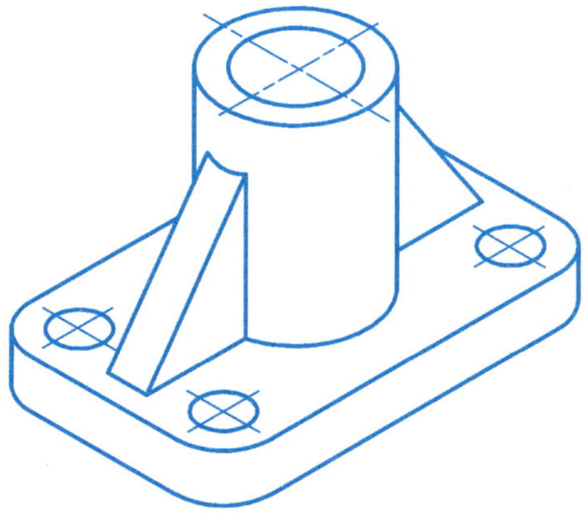

第8章 轴测图	专业 级 班	姓名		学号		审核		成绩	

9-1　由组合体的轴测图画出其投影图。

画组合体投影图作业指示

一、目的：

掌握组合体投影图的选择、画图方法及尺寸标注。

二、内容：

1. 由组合体的轴测图画其 H、V、W 投影图并标注尺寸。
2. 从本页所列的（1）—（4）题中选作两题，图号：js01、js02。
3. 图名：组合体投影图。

三、要求：

1. 每张 A3 幅（297 mm×420 mm）画一题，共两张，图纸横贴。
2. 比例：根据题目情况自选比例，合理布置图面。
3. 线型：同类图线规格一致（粗细、短线长度及间隔等），粗、中、细线型分明，图线标准粗度 b 约 0.7 mm。
4. 字体：图名字高 10 mm，姓名、专业名等说明文字高 5 mm，尺寸数字高 3 mm。书写前要轻画字格以控制汉字字高，或先轻画导线，控制数字、字母的字高。
5. 图纸总要求：投影正确，布图匀称，图面整洁，线型清晰分明，尺寸标注正确，字体工整。

（1）

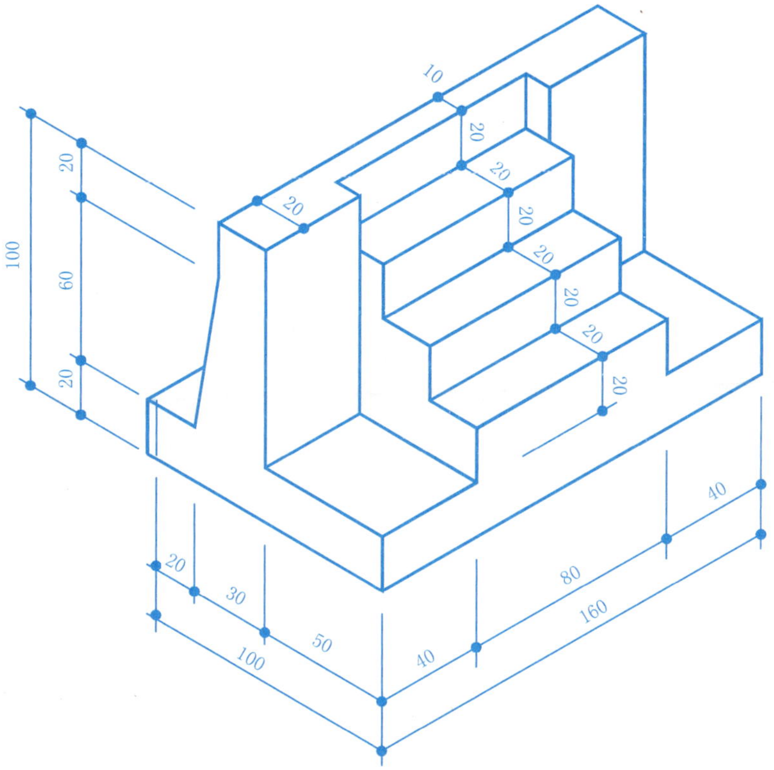

（2）

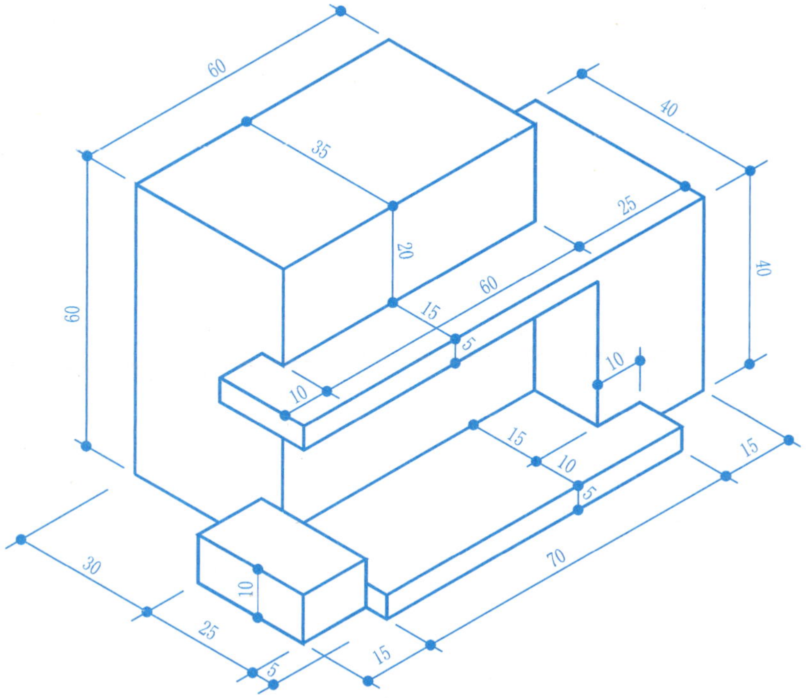

（3）

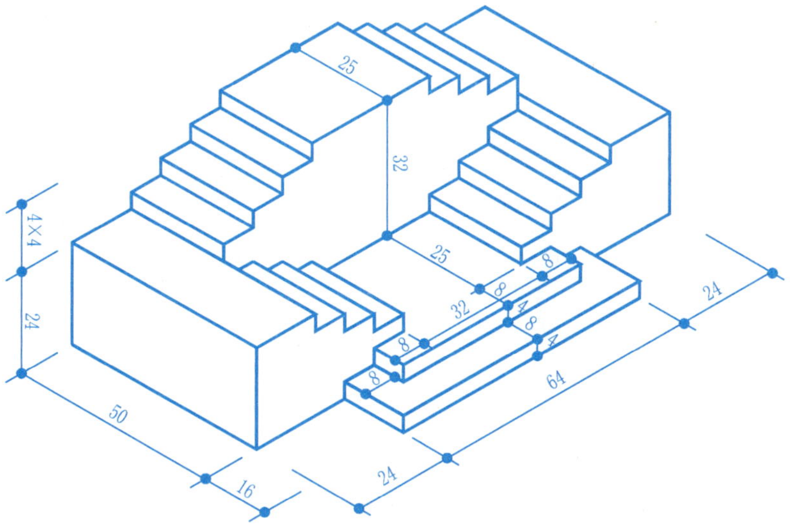

（4）

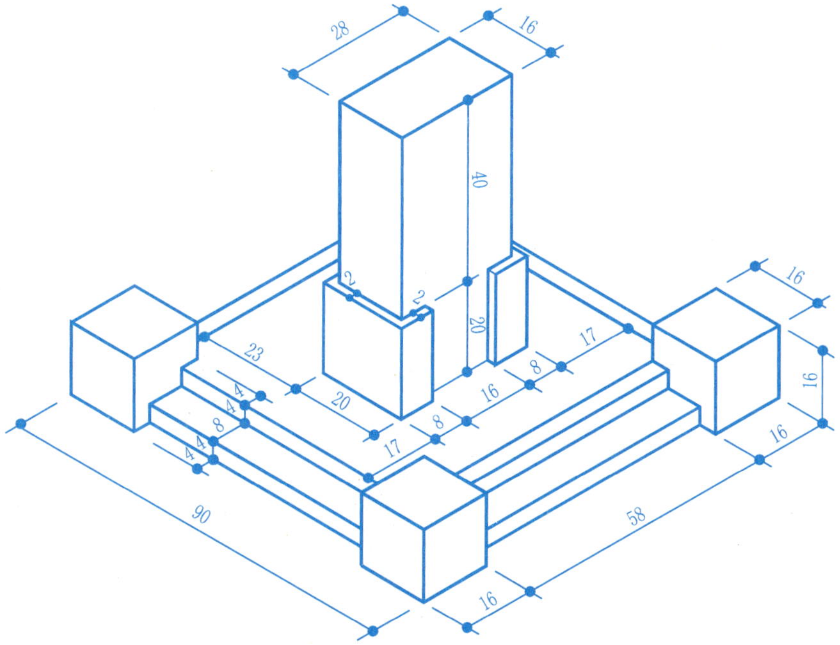

第9章　组合体	专业　　级　班	姓名		学号		审核		成绩	

9-2　补出下列组合体投影图中所缺图线。注意：读图补线练习的要求是以最少图线使投影图成立。

(1)

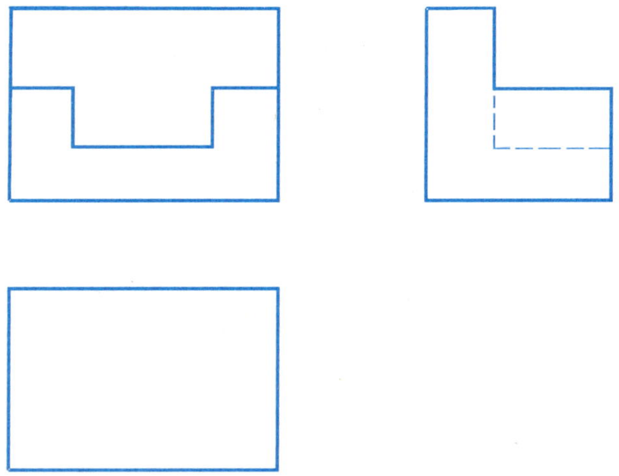

(2)

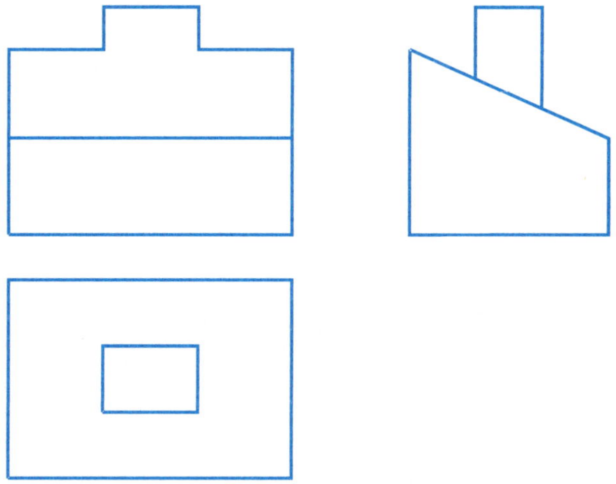

(3)

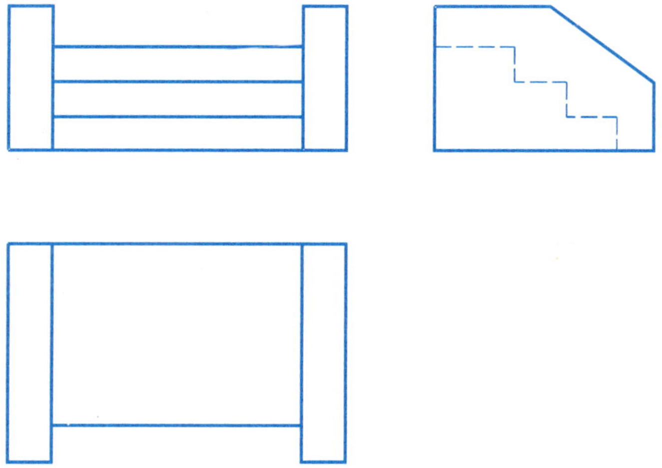

(4)

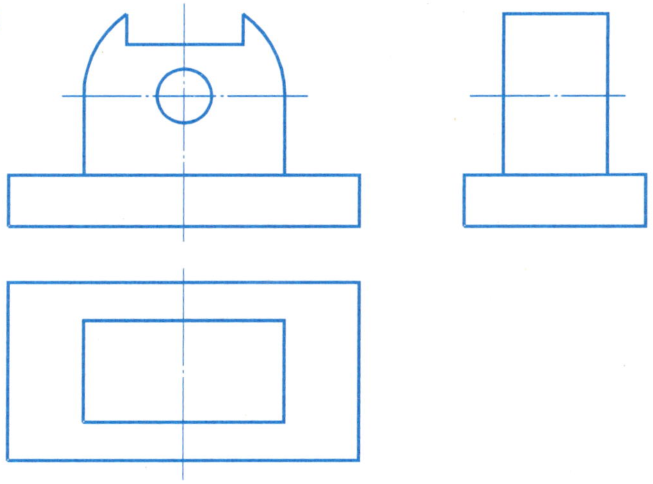

(5)

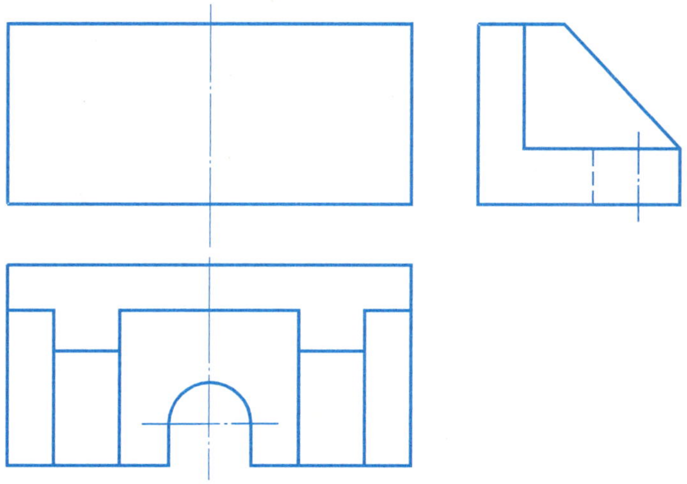

(6)

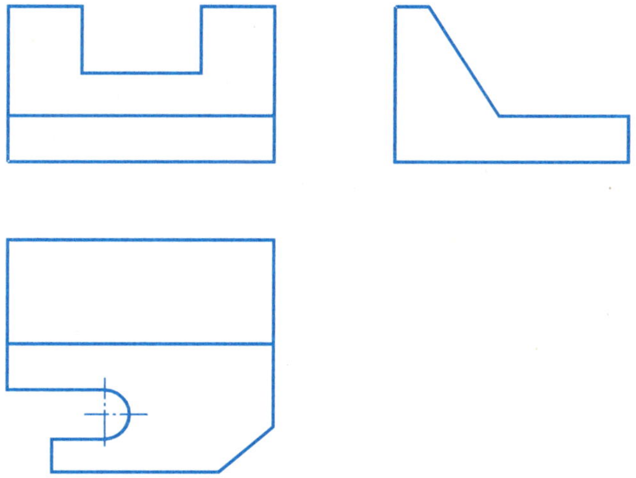

(7)

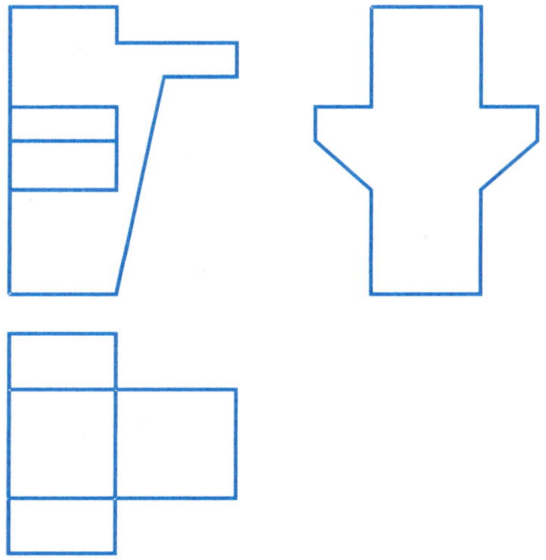

(8)

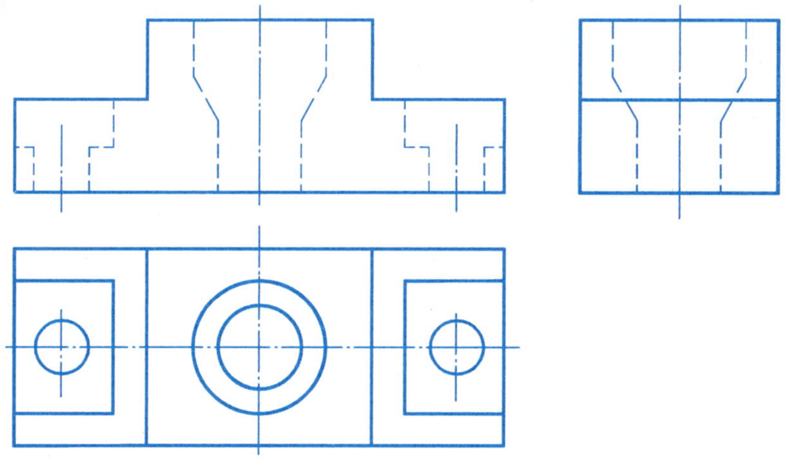

(9)

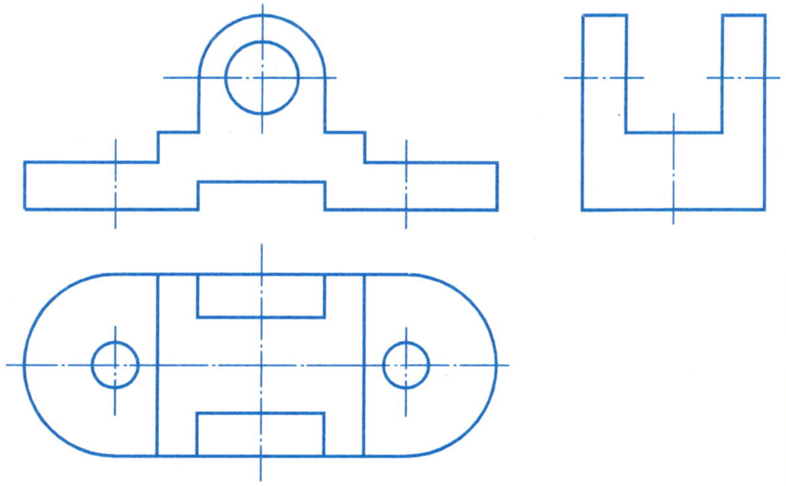

专业	级	班	姓名		学号		审核		成绩	

9-3 补画形体的左视图。

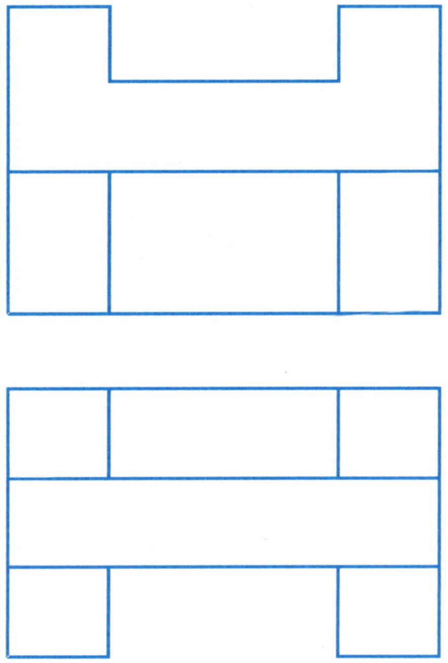

9-4 补画形体的左视图。

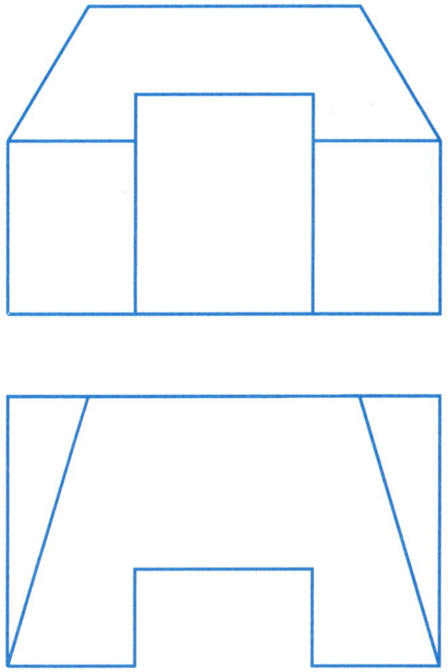

9-5 补画形体的左视图。

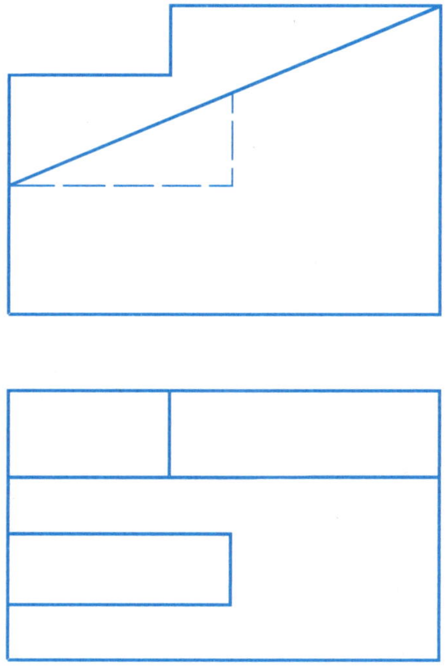

9-6 补画形体的左视图。

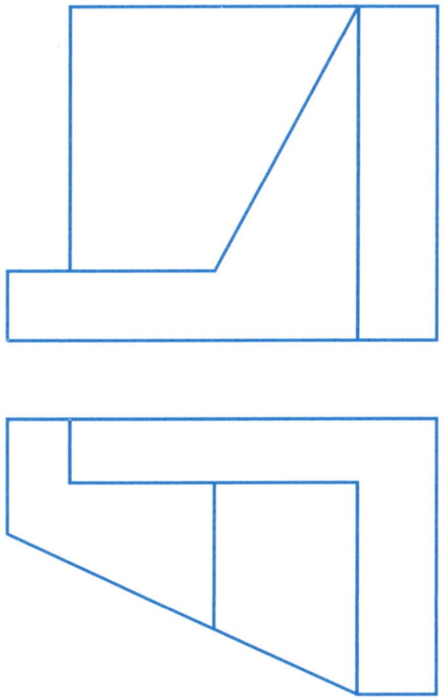

9-7 补画形体的俯视图。

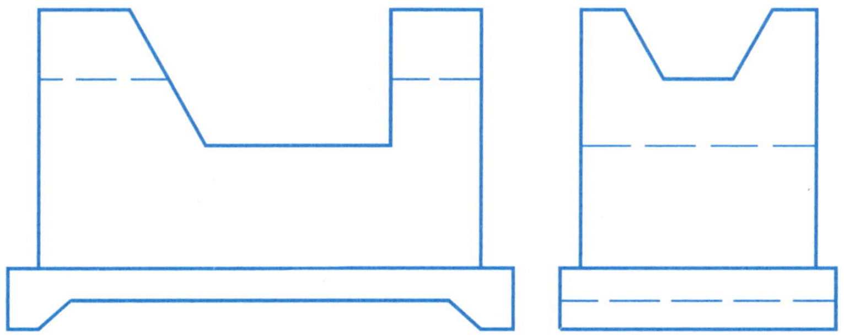

9-8 补画形体的俯视图。

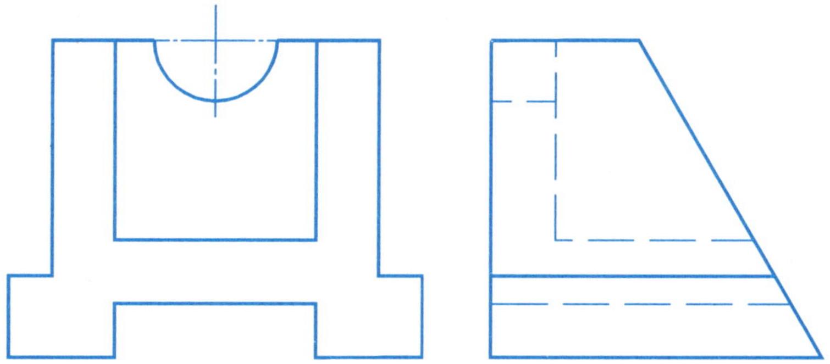

第 9 章 组合体	专业 级 班	姓名		学号		审核		成绩	

9-9 补画形体的左视图。

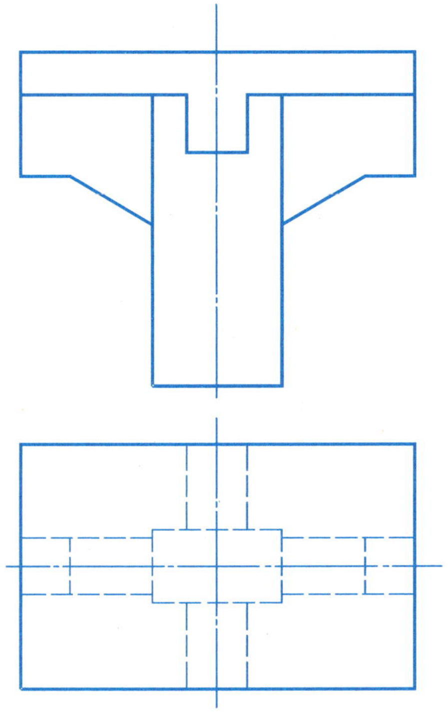

9-10 补画形体的左视图。

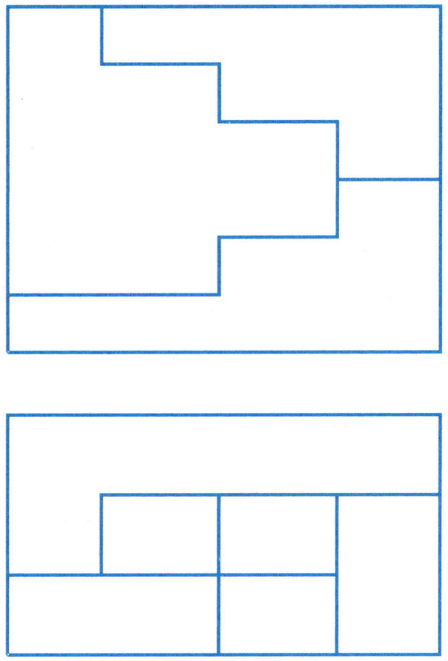

9-11 补画形体的左视图。

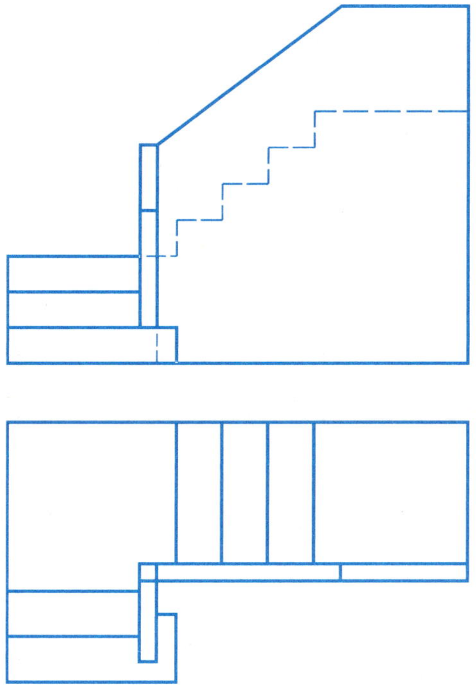

9-12 补画形体的俯视图。

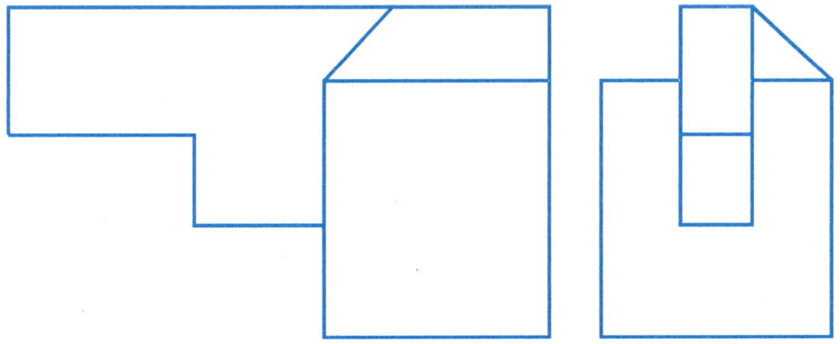

9-13 补画形体的俯视图。

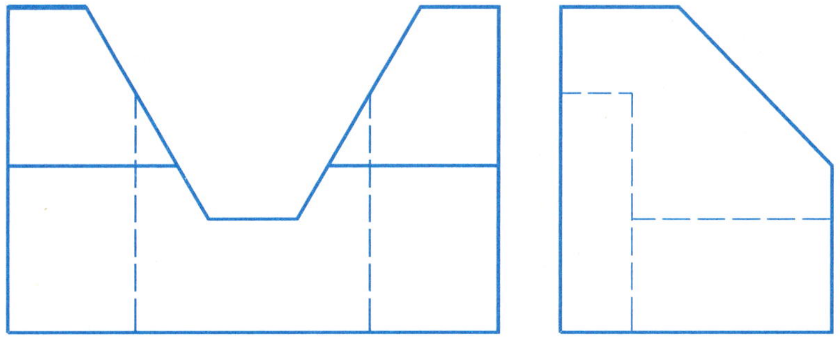

9-14 补画形体的俯视图。

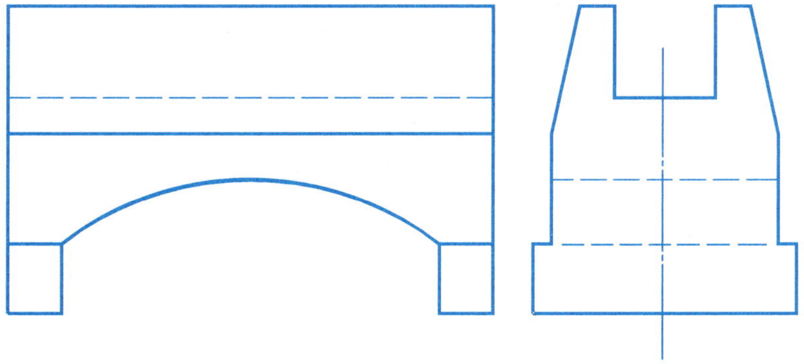

第 9 章 组合体	专业 级 班	姓名		学号		审核		成绩	

9-15 补画形体的俯视图。

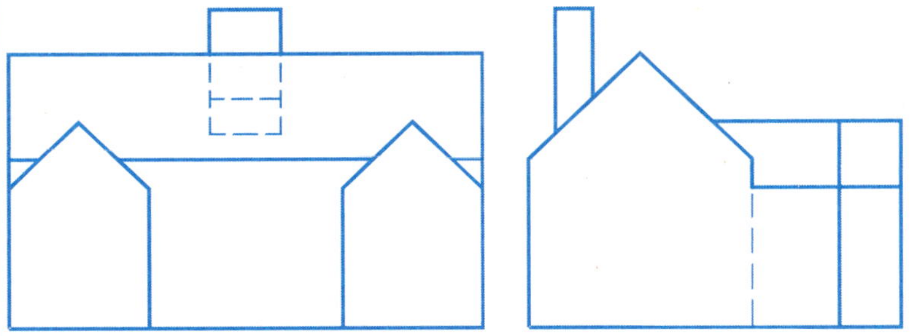

9-16 补画形体的主视图。

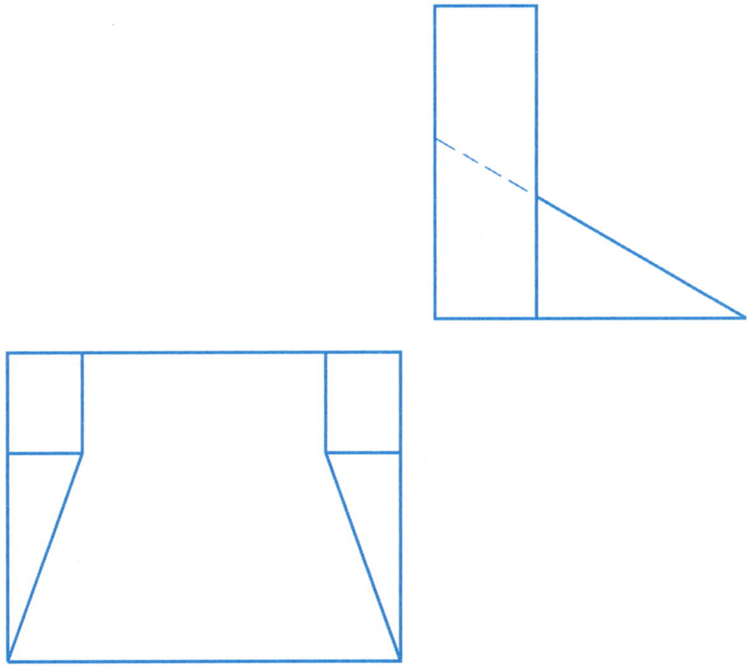

9-17 补画形体的主视图。

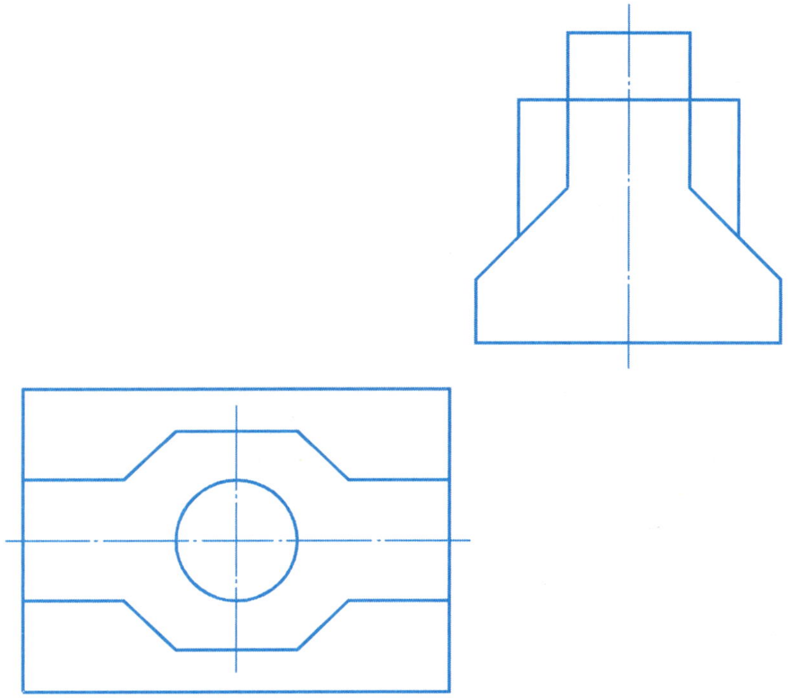

9-18 补画形体的侧视图。

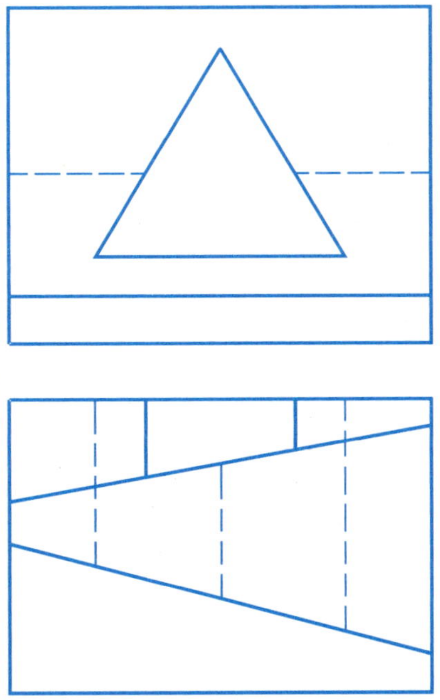

9-19 补画形体的侧视图。

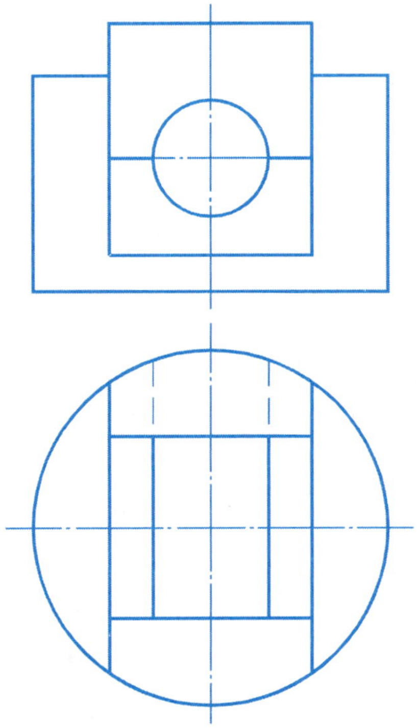

9-20 补画形体的俯视图。

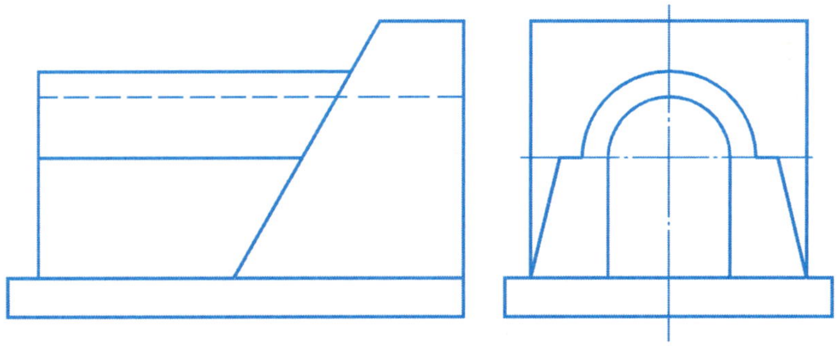

10-1 补画立体的右视图。

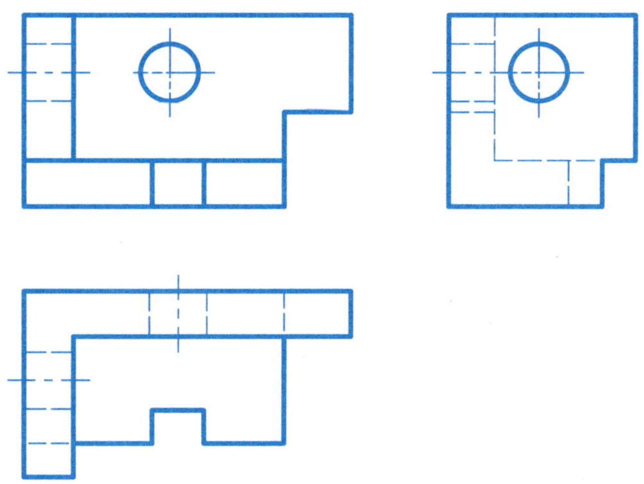

10-2 根据立体的主视图和轴测图，补画局部视图 *A* 和斜视图 *B*。

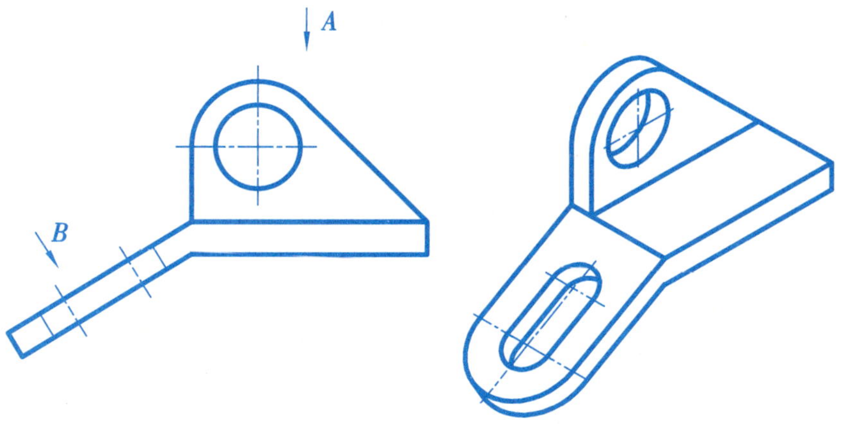

10-3 选择一组正确的向视图，在其右方的括号中画“√”。

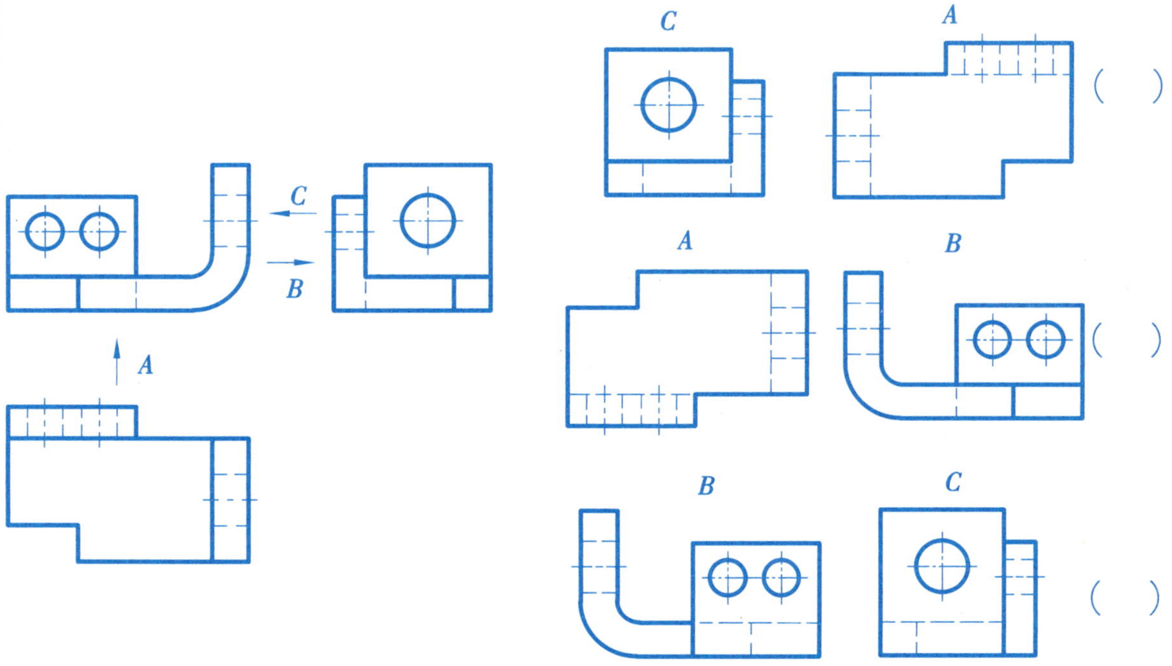

10-4 画出立体的 *A* 向斜视图和 *B* 向局部视图。

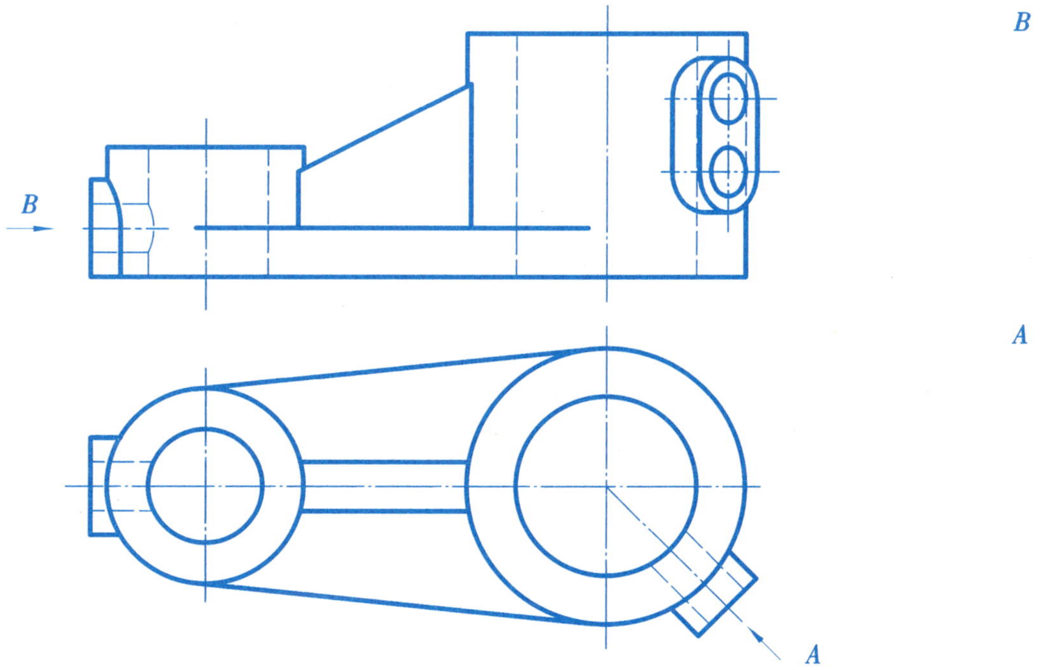

第 10 章 图样画法	专业 级 班	姓名		学号		审核		成绩	

10-5 根据俯视图选择正确的剖视图，在其右方的括号中画“√”。

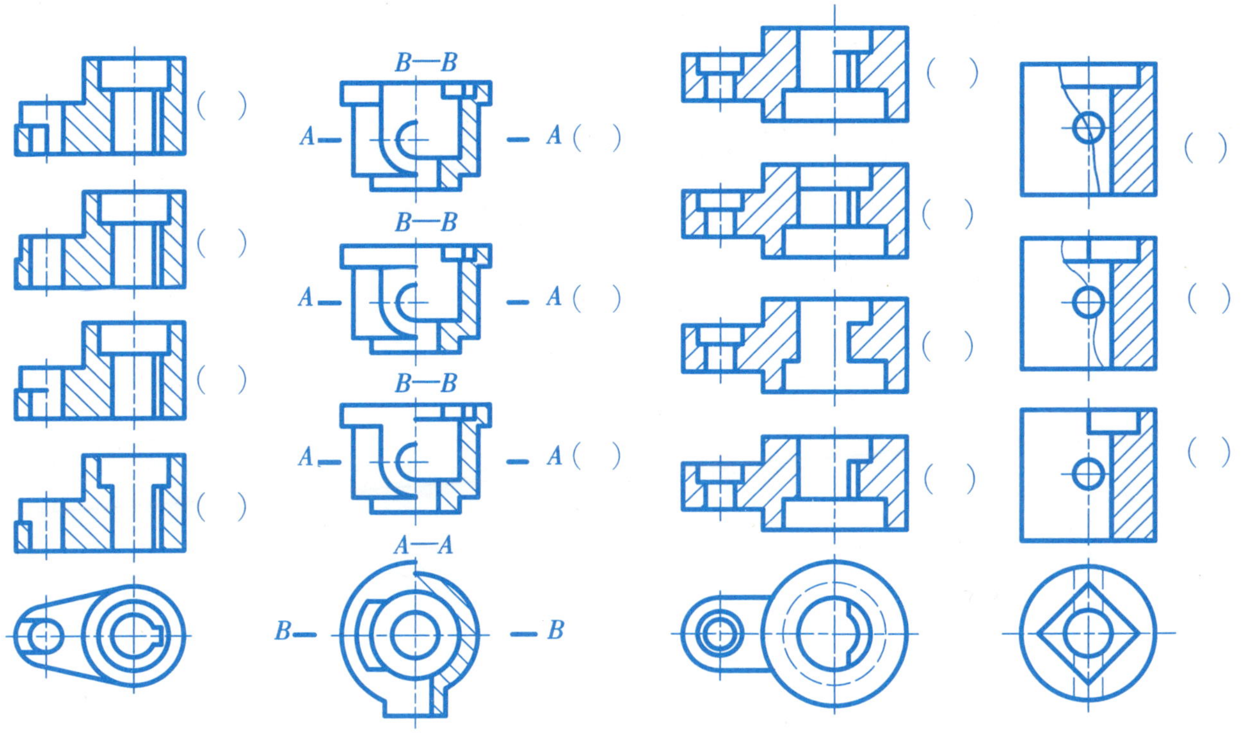

10-6 补全剖视图中的漏线。

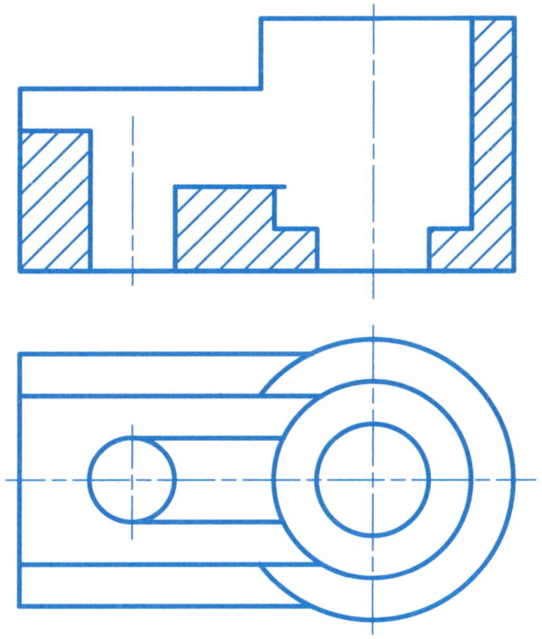

10-7 补全半剖视图中的漏线。

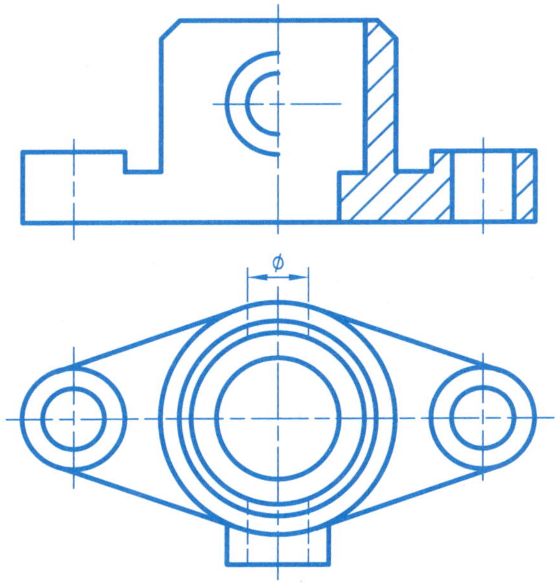

10-8 补全剖视图中的漏线。

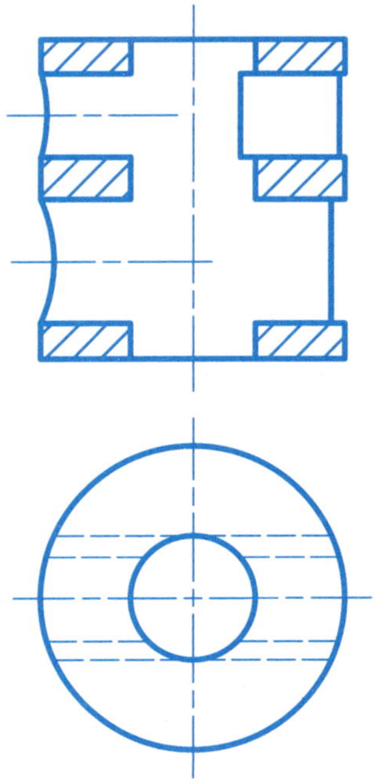

10-9 补全主视图和左视图中所缺的图线。

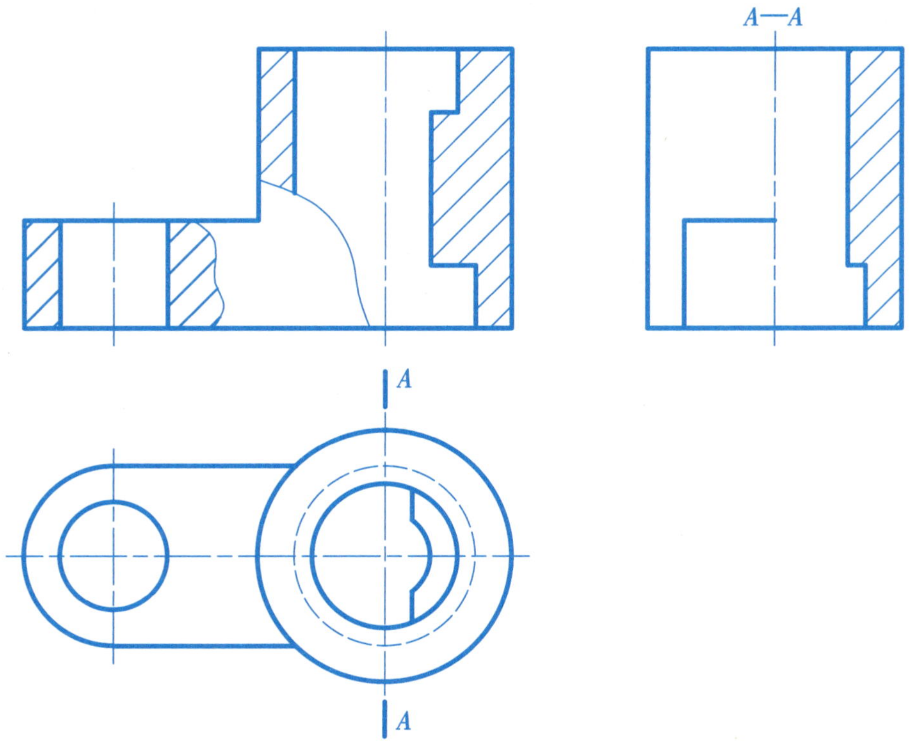

专业 级 班	姓名		学号		审核		成绩	

10-10　填写下列图例（剖面符号）的名称或者画出题目指定的图例（剖面符号）。

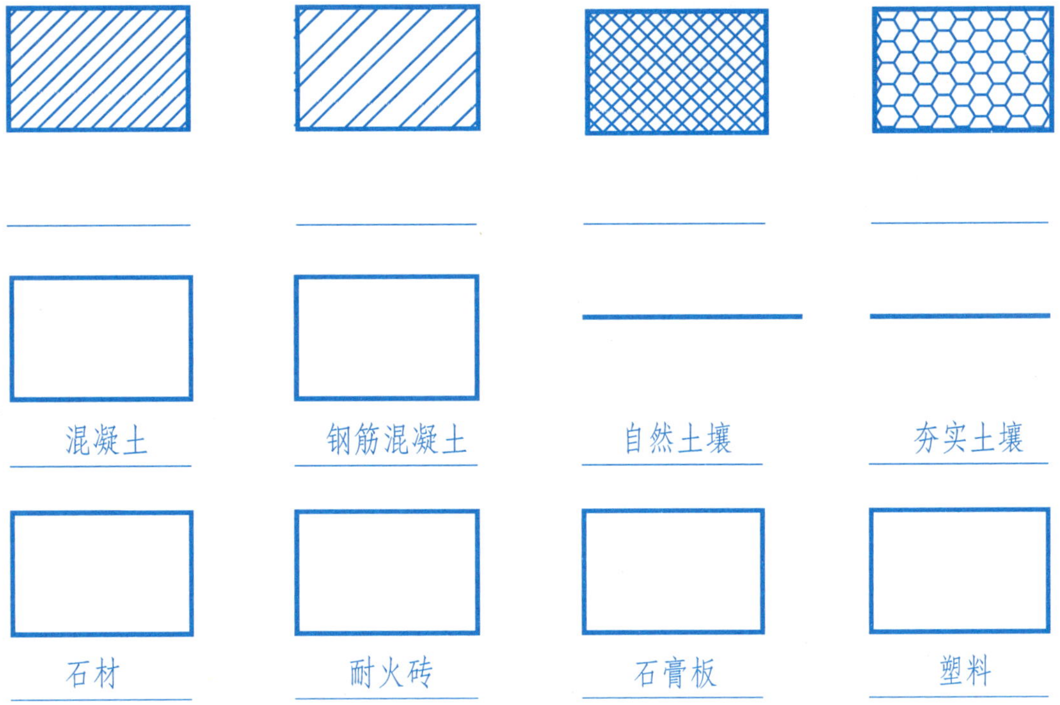

10-11　作全剖视图的左视图。

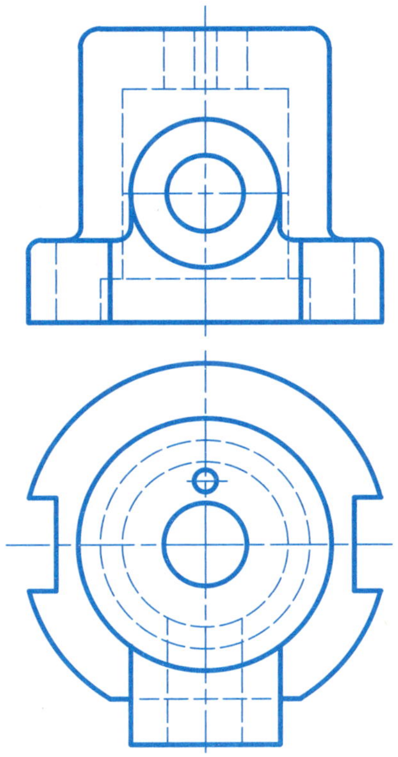

10-12　已知俯视图和左视图，将主视图画成半剖视图。

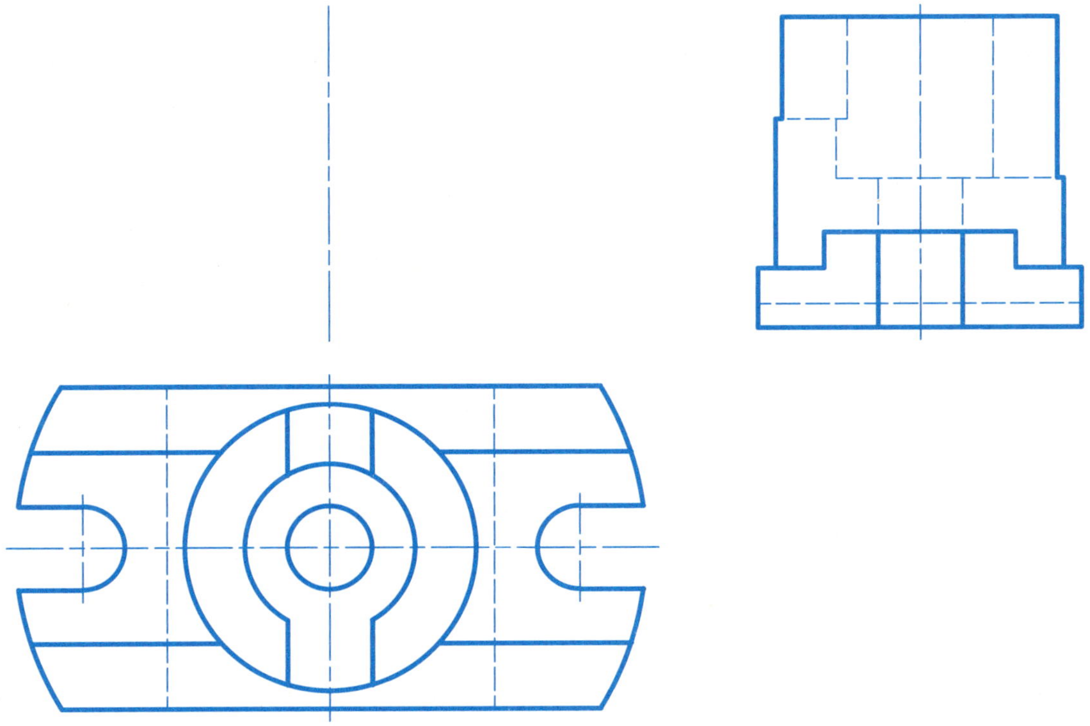

10-13　画出污水池的1—1剖面图。（材料：池用钢筋混凝土，右池下支撑用普通砖，地面为素土夯实）

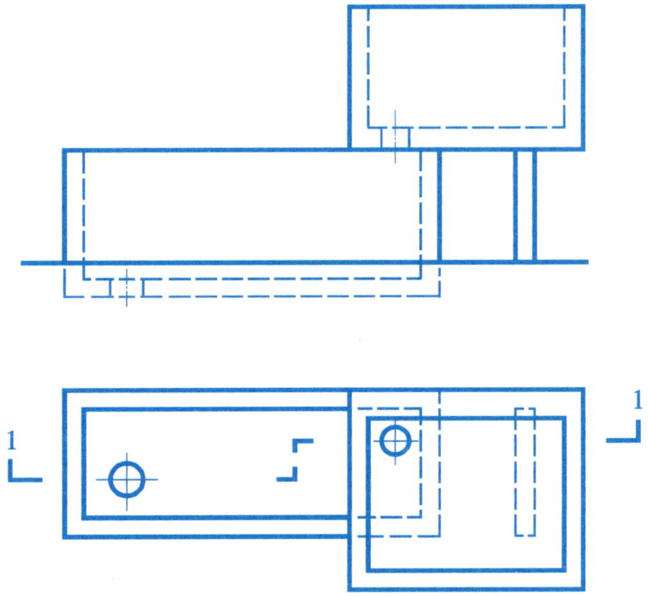

1—1 剖 面 图

第10章　图样画法	专业　　级　　班	姓名		学号		审核		成绩	

10-14 已知台阶及门洞的 1—1 剖面图和正立面图，补画 2—2 剖面图。

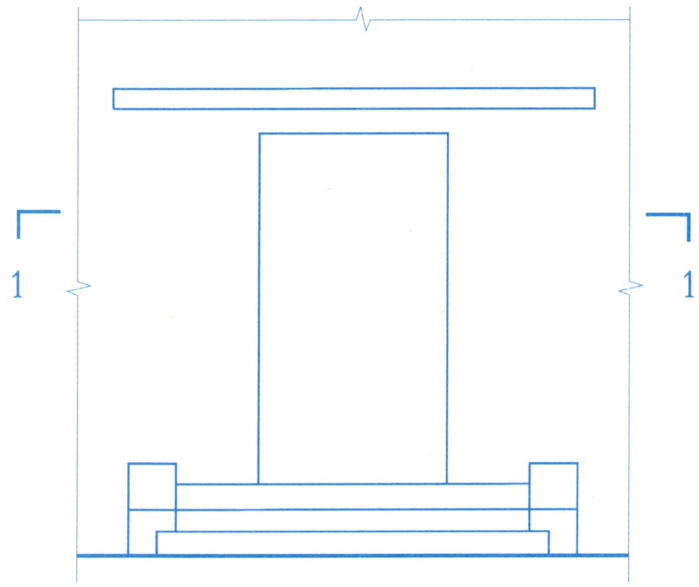

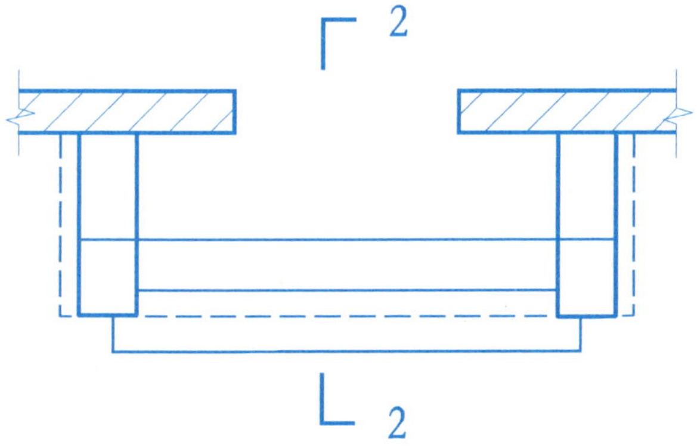

1—1 剖面图

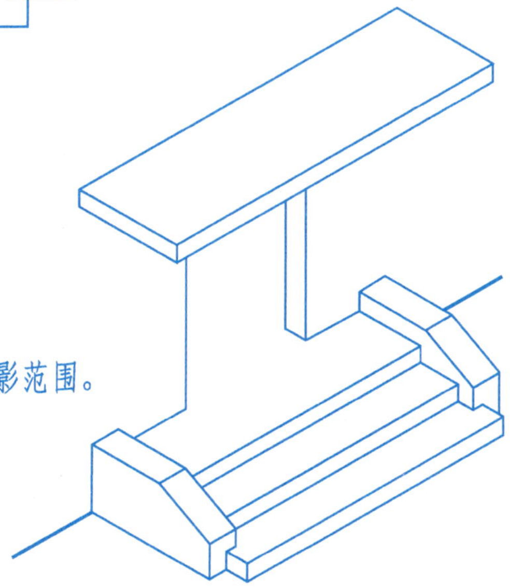

注：平面图中虚线表示门洞上方雨篷投影范围。

10-15 画出钢筋混凝土肋形楼盖的 1—1 剖面图。

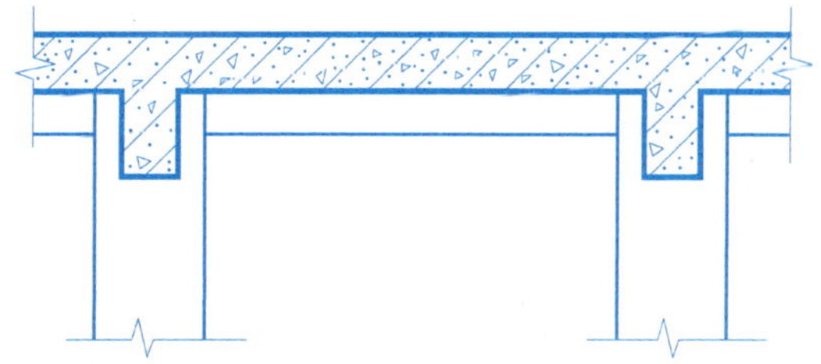

2—2 剖面图

1—1 剖面图

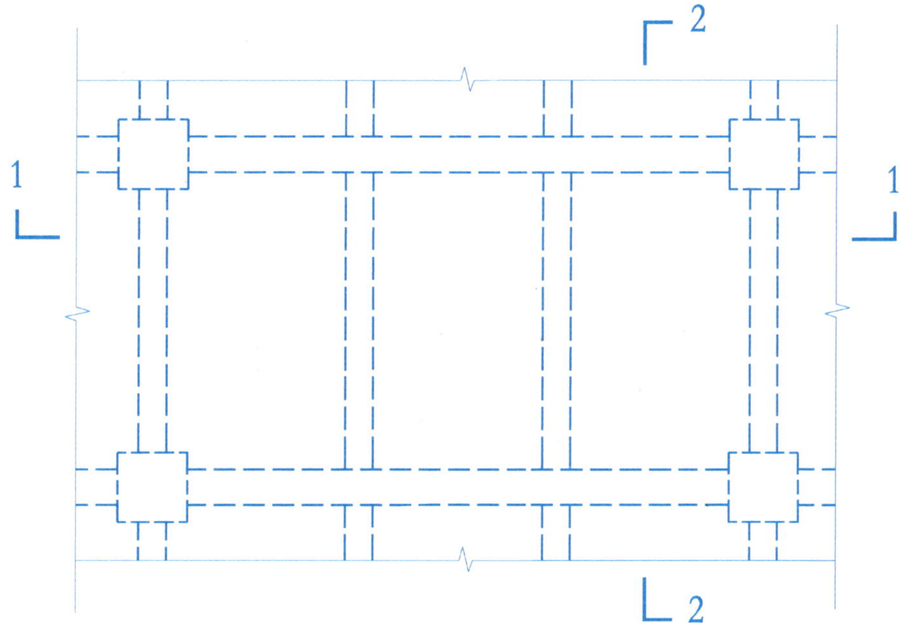

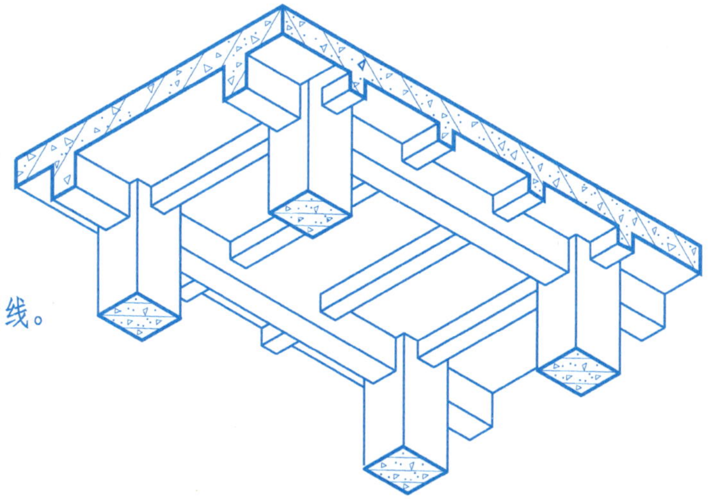

注：1—1剖面图中，板、梁、柱折断处用折断线。

第 10 章 图样画法	专业 级 班	姓名		学号		审核		成绩	

10-16 已知主视图和俯视图，画出 *A*—*A* 半剖视图的左视图。

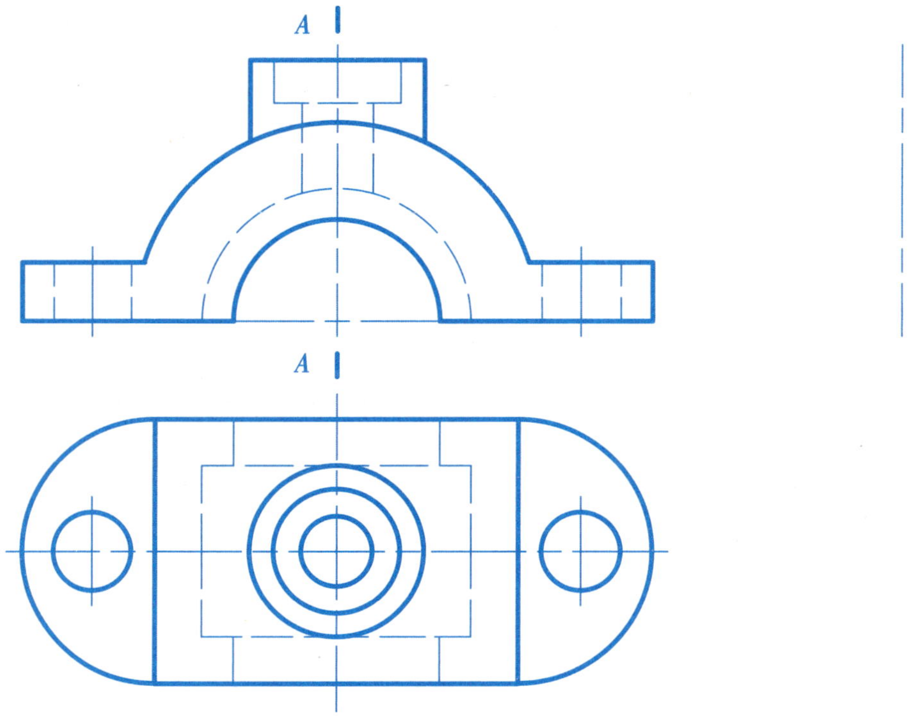

10-17 在指定位置将主视图画成半剖视图，将左视图画成全剖视图。

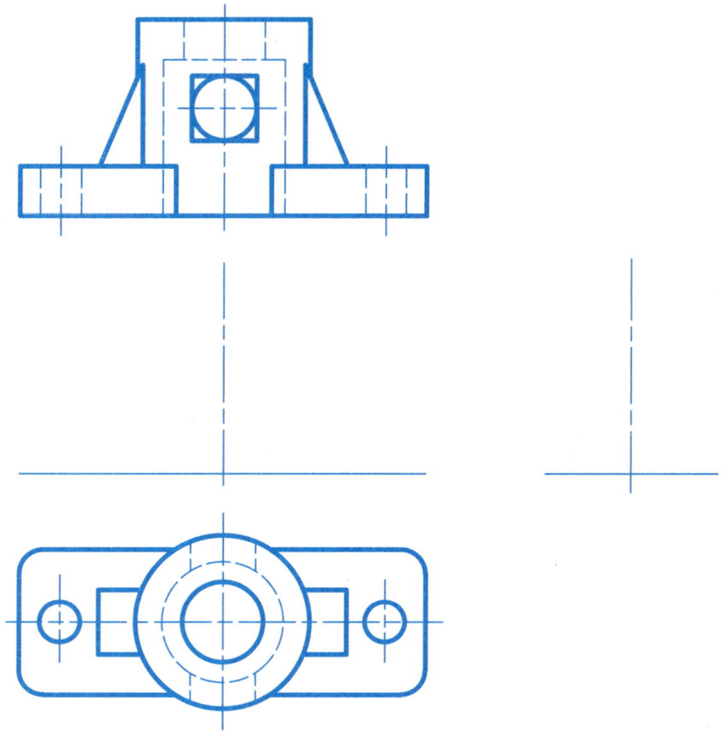

10-18 把主、俯视图画成半剖视图。

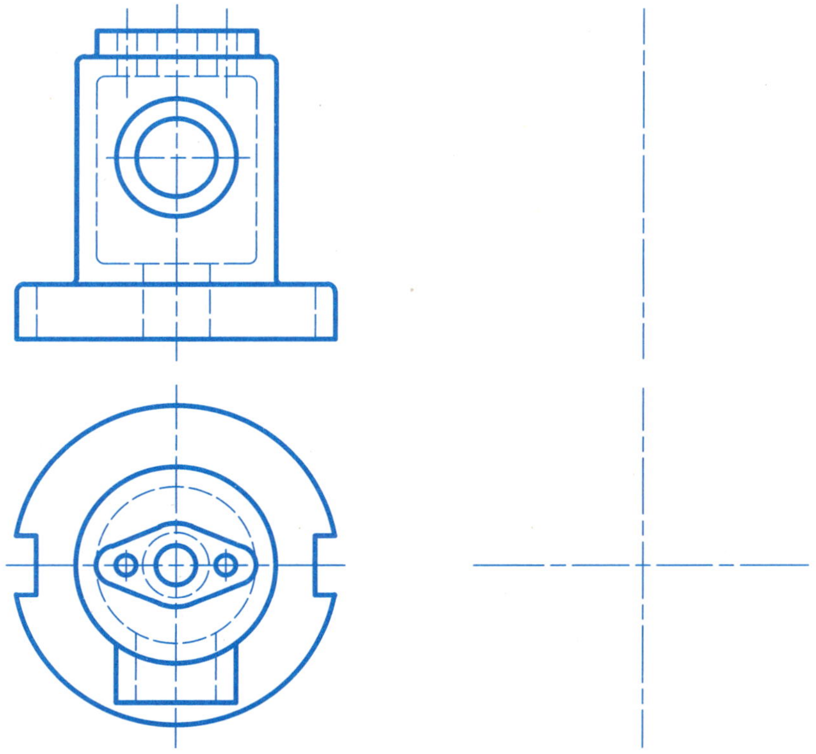

10-19 画出局部剖视图的左视图和俯视图。

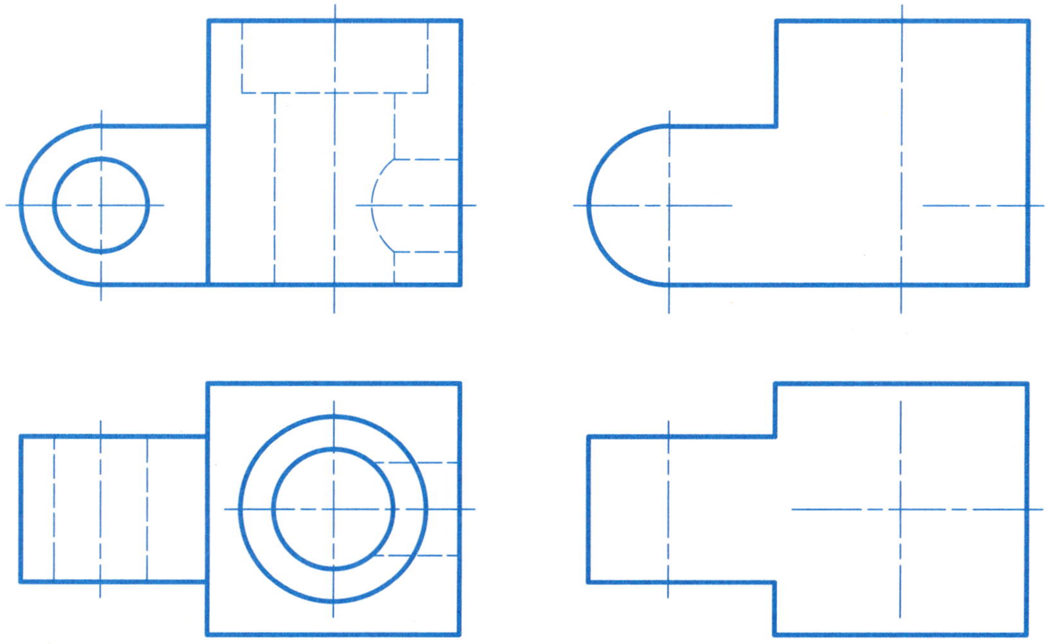

第 10 章 图样画法	专业 级 班	姓名		学号		审核		成绩		

10-20 将主视图改画为用几个平行的剖切平面剖切的全剖视图。

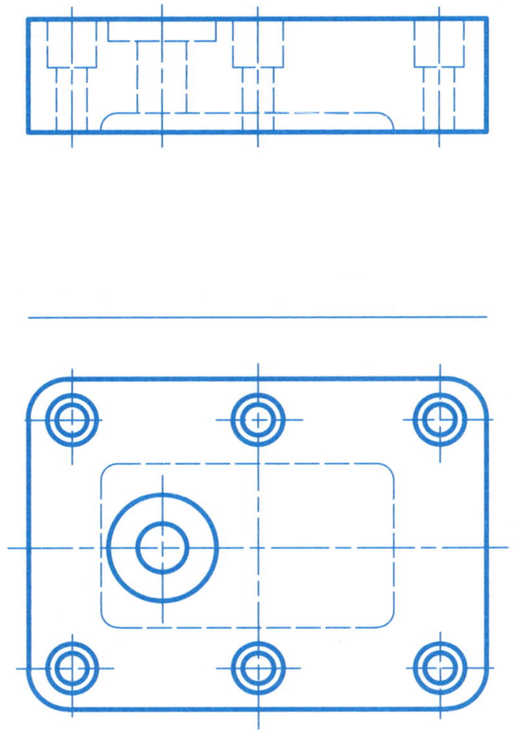

10-21 将主视图改画为用几个平行的剖切平面剖切的全剖视图。

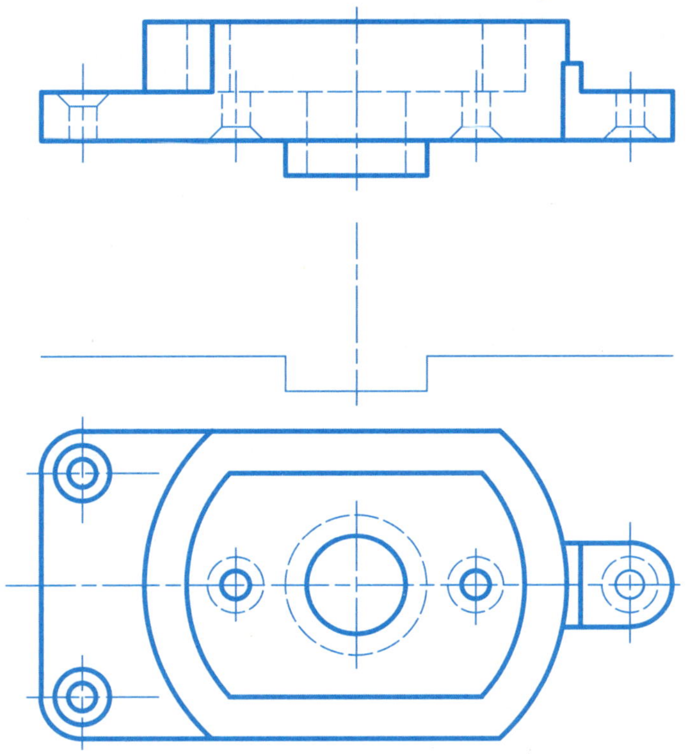

10-22 用几个相交的剖切平面剖切，作物体的剖视图。

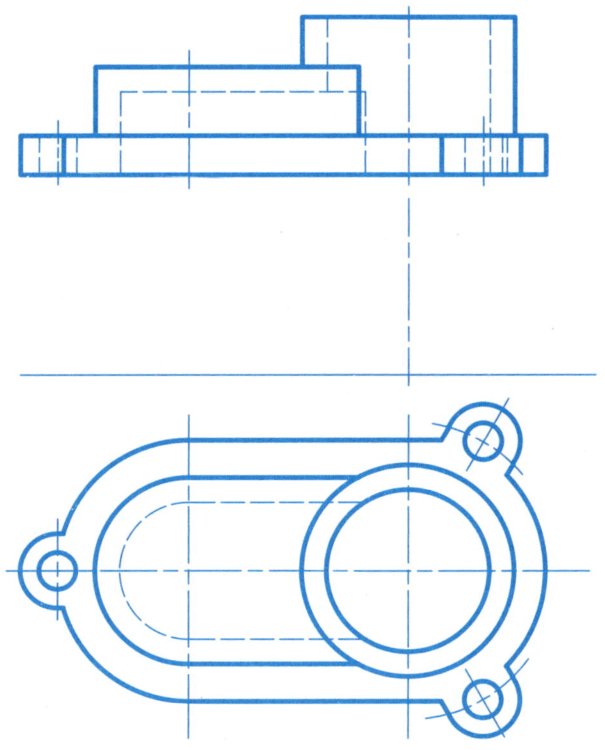

10-23 用适当的剖切方法将机件的主视图改画成全剖视图。

A—*A*

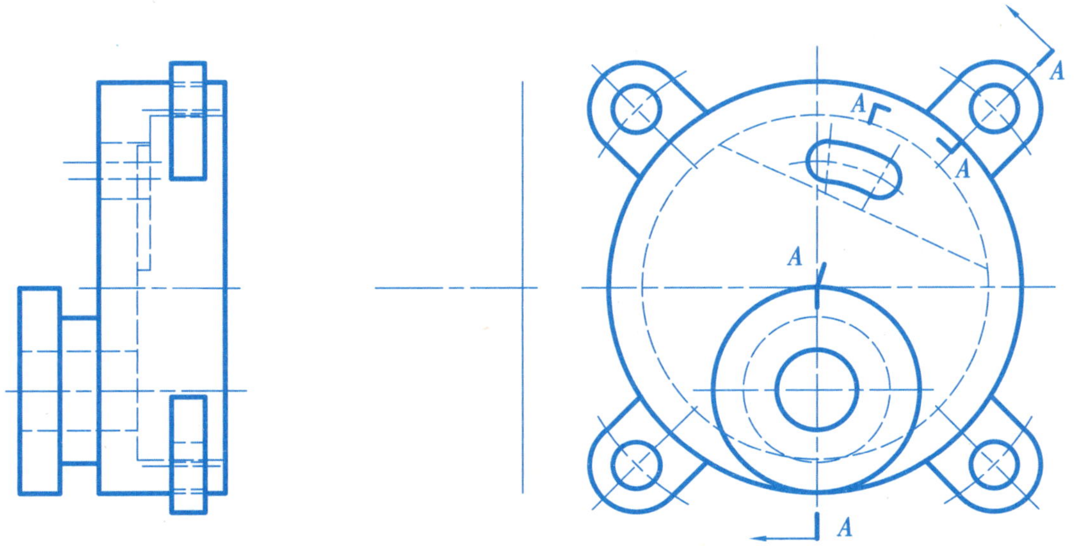

10-24 用单一斜剖切平面剖切的方法作剖视图。

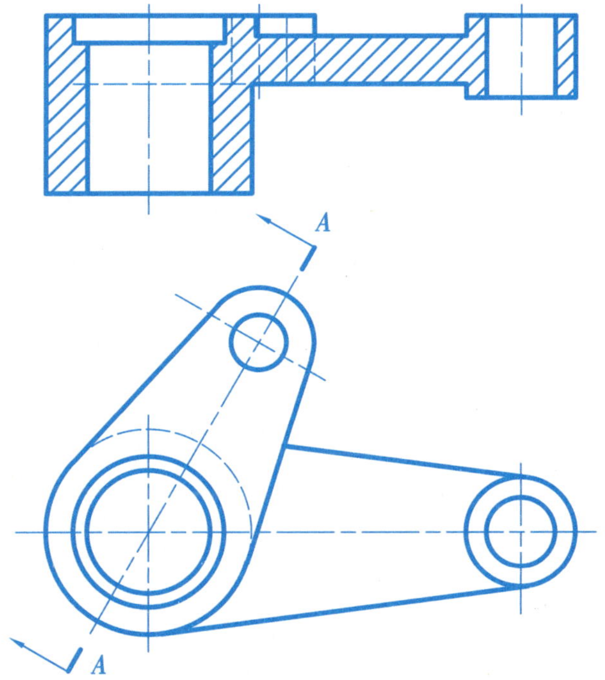

10-25 选择正确的断面图,在其下方的括号中画“√”。

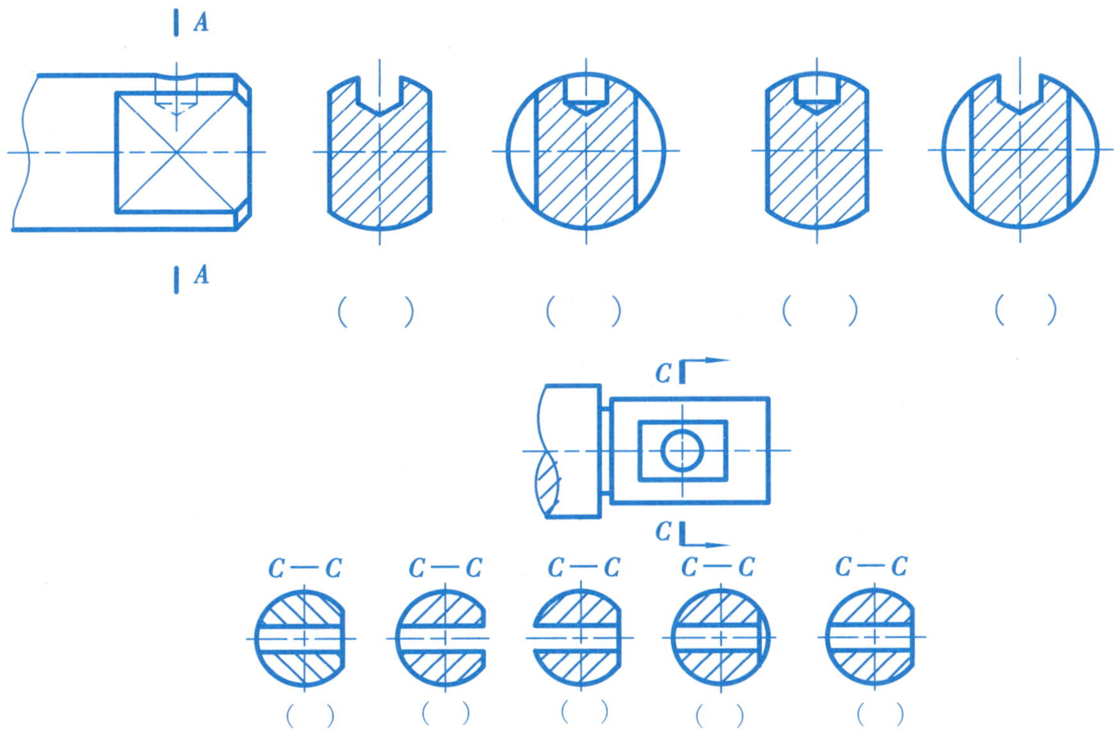

10-26 作出指定位置的移出断面图。

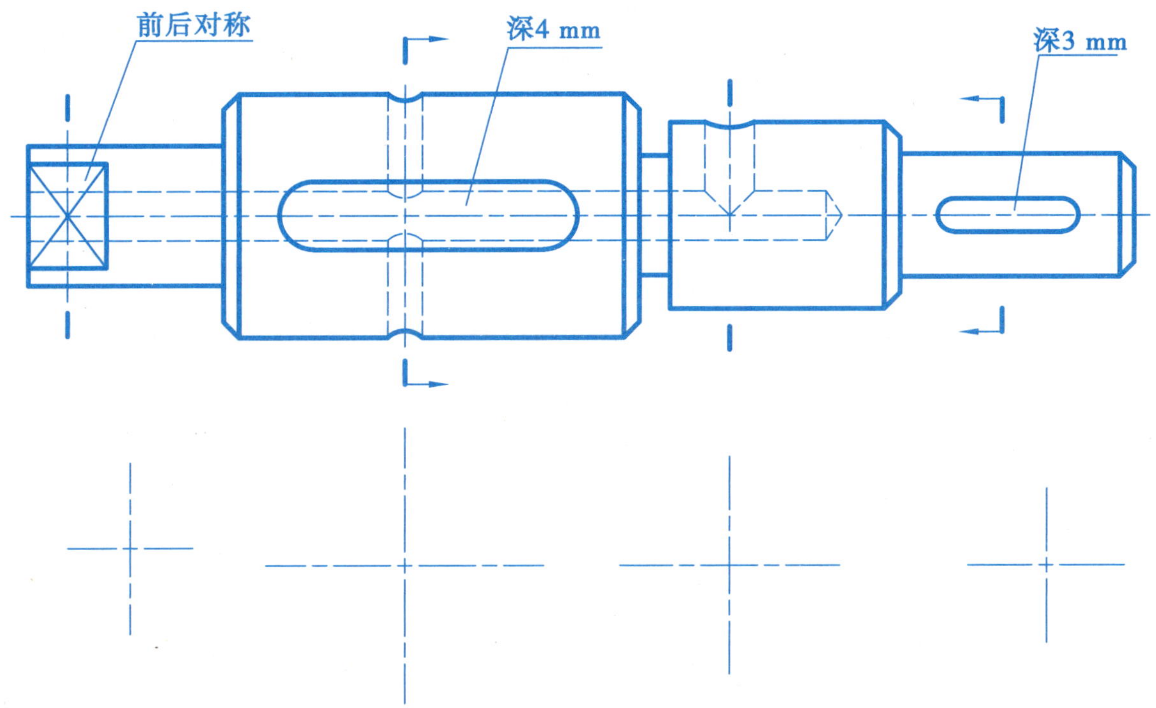

10-27 作移出断面图 *A*—*A*、*B*—*B*。

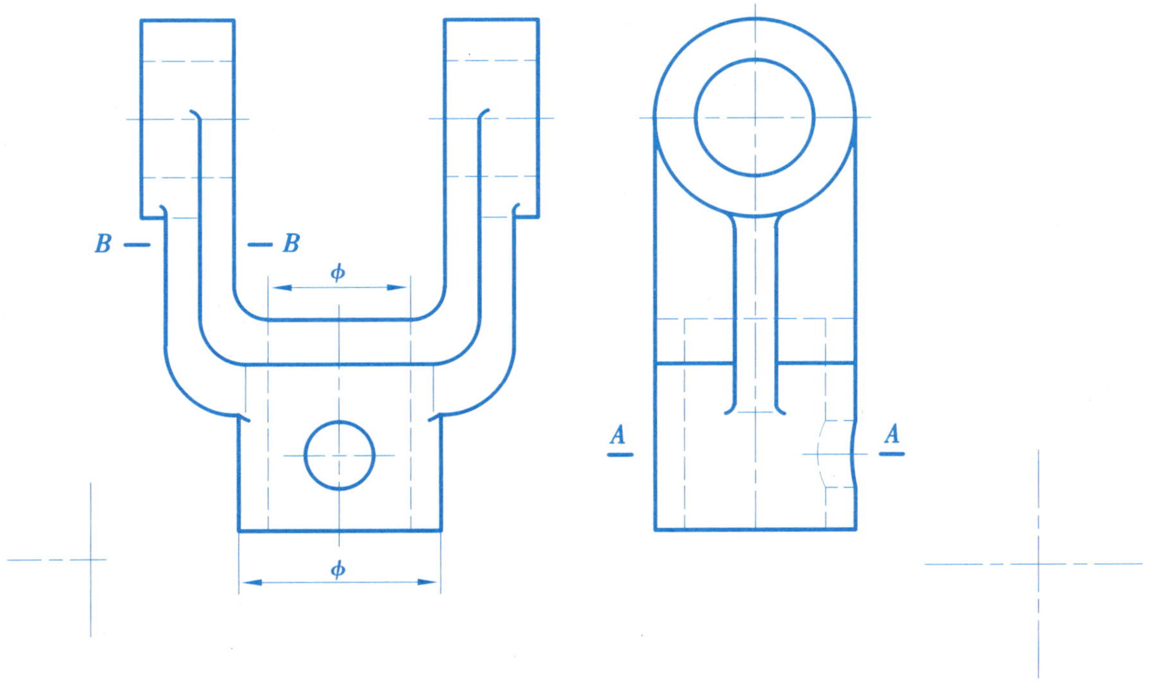

10-28 画出指定位置的移出断面图。

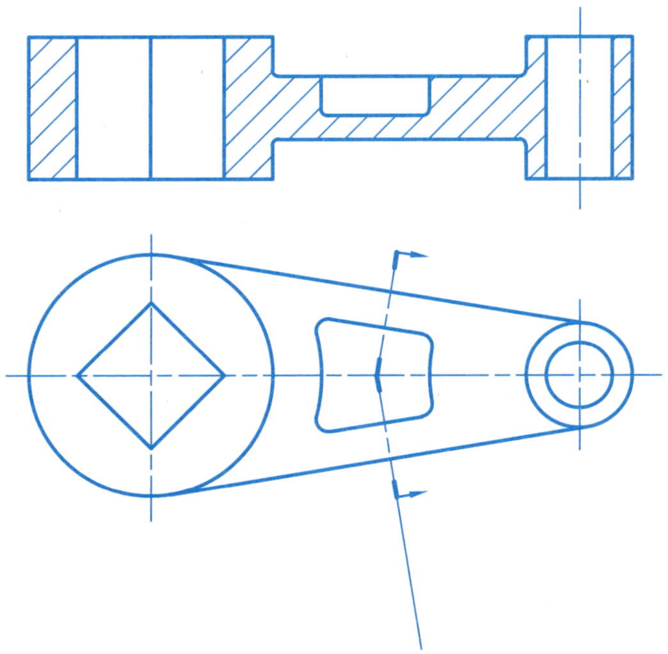

10-29　作柱子的 1—1、2—2、3—3、4—4 断面图。（材料：钢筋混凝土）

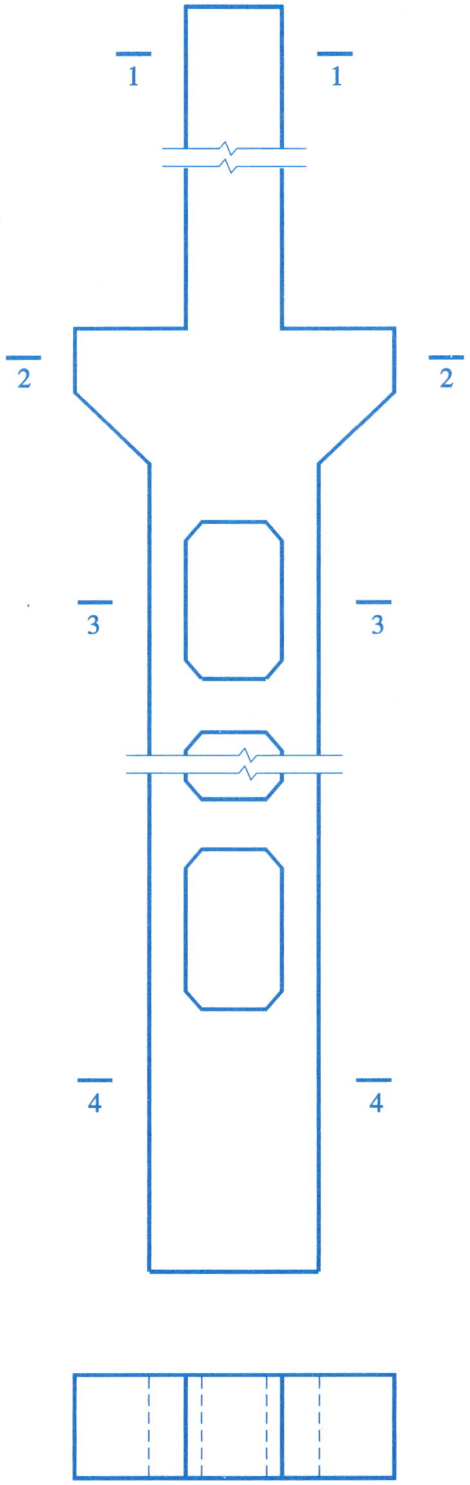

10-30　作檩条的 1—1、2—2、3—3 断面图。（材料：钢筋混凝土）

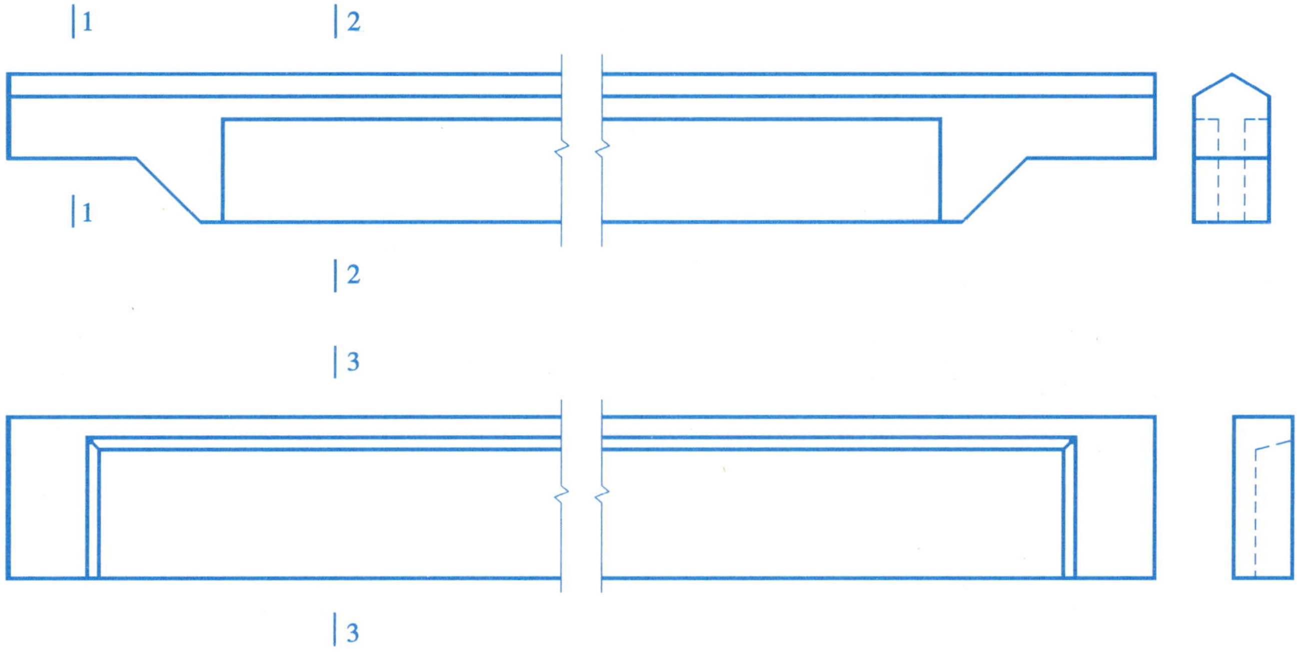

10-31　画出屋架各指定断面的断面图。（材料：钢筋混凝土）

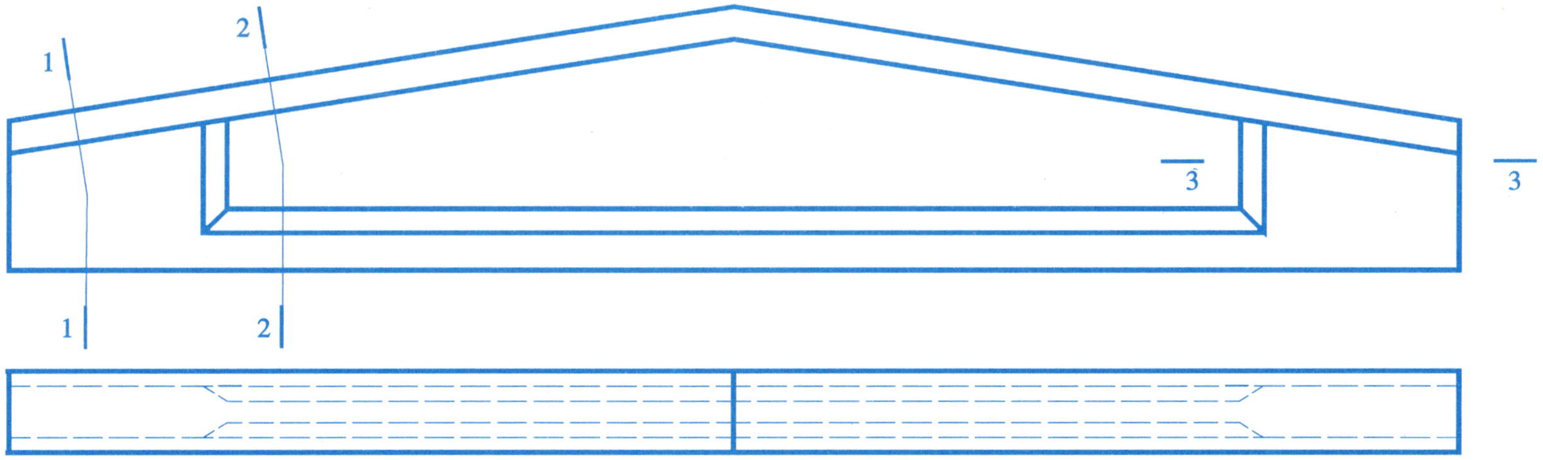

第 10 章　图样画法	专业　　级　　班	姓名		学号		审核		成绩	

10-32　图样画法综合练习。(仪器图)

(1)作业目的:训练灵活运用各种表达方法,结合尺寸标注,表示物体结构形状的能力。

(2)作业要求:

① 重新选定适当的表达方法,正确、完整、清晰地表达出物体的内外结构形状及其大小。

② 所用的各种图样画法、图线绘制、尺寸标注均应符合国家标准的规定。

③ 图面整洁、匀称。

④ 采用 A3 图幅,根据国家标准的规定的比例系列和物体的大小自行确定比例。

(3)绘图步骤及注意事项:

①对物体的视图进行形体分析,按物体的结构特点首先确定主视图的表达重点和画法,再确定其他视图的画法。

②根据规定的图幅确定合适的比例,并合理布置图面。

③按形体分析的方法,轻画底稿的各个视图,并标注尺寸。

④仔细校核后用铅笔加深图线。

⑤填写标题栏。

(1)底座 1

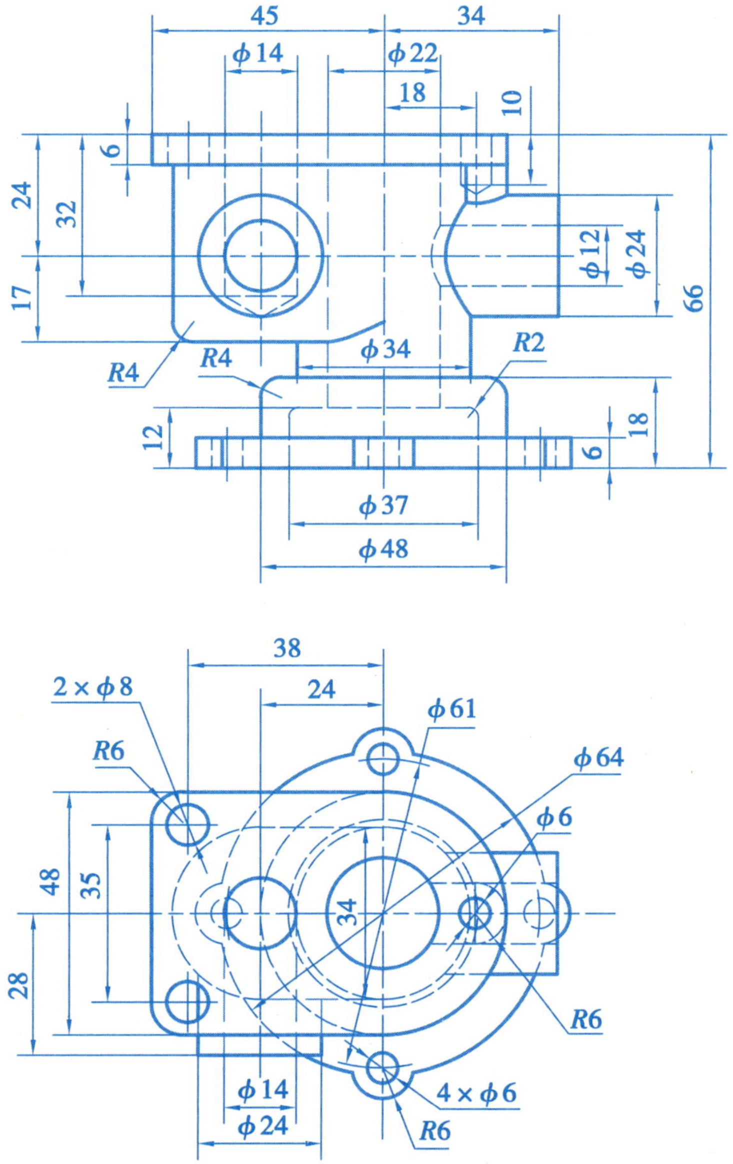

(2)底座 2

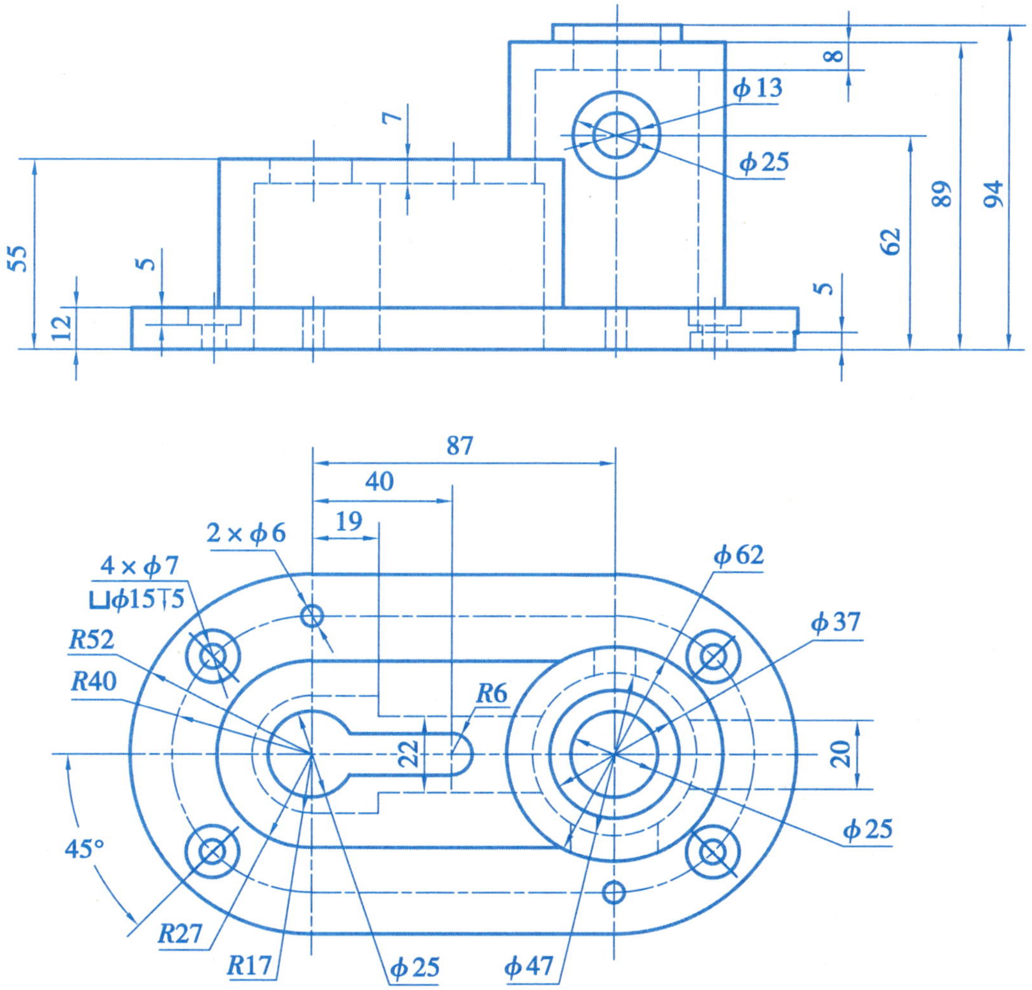

第 10 章　图样画法	专业　　级　　班	姓名		学号		审核		成绩	